中公新書 1574

阿川尚之著

海の友情

米国海軍と海上自衛隊

中央公論新社刊

目次

洋上で物品移載作業（ハイライン）中の日米艦艇、米第七艦隊旗艦「ブルーリッジ」（奥）と護衛艦「しらね」（手前）
（写真提供・海上自衛隊）

海の友情

I　ジェームズ・アワーと海上自衛隊

江田島教育参考館

一九九二年春、広島県安芸《あき》郡江田島町にある海上自衛隊幹部候補生学校の卒業式に、初めて列席した。この学校の前身は、明治二十一年（一八八八年）に東京・築地から移転した海軍兵学校である。英国から運ばれた赤い煉瓦をひとつひとつ積みあげて明治二十六年に竣工した生徒館をはじめ、往時の伝統が色濃く残る。式のあと卒業生が表《おもて》桟橋から交通艇に乗り組んで学校を離れ、そのまま湾内に停泊した練習艦隊各艦に分乗し、登舷礼式で遠洋航海に出ていくのも、帝国海軍のころと少しも変わっていない。

卒業式の前日、神奈川県厚木の海上自衛隊航空基地から輸送機ＹＳ11で岩国まで飛び、交通艇に乗り換え海を渡って、学校へ到着。その日は呉《くれ》で宿泊し、翌日式のあと卒業生を見送って再び輸送機で厚木へ帰着するまで、ずっと私たち来賓の面倒をみてくれたのは、海上幕僚監部広報室長古庄《ふるしょう》幸一一等海佐（当時）である。古庄一佐は万事に気配りがきくまことに海軍さんらしい人物で、二日にわたって真心のこもったもてなしを受けた。式の前後、ちょっとした時間を見つけては海軍のしきたりを教えてくれる。

卒業式で三等海尉（昔の少尉）に任官すると、もう一々号令をかけない。敬礼は自発的に行なう。この帽子かけの下にある金具は兵学校生徒が短剣をかけたのと同じものだ。卒業式の日校庭のマストに掲げる信号旗は、「各人よくやれり、安全なる航海を祈る」という意味だなどなど、古庄一佐の話しぶりには、海軍の伝統に対する誇らしさがにじみ出ている。

式の前日には、構内に建つ教育参考館を見学した。江田島を訪れた者が必ず立ち寄る、帝国海軍時代から兵学校生徒の教育に用いられた、海軍の歴史を展示する博物館である。東郷平八郎元帥とホレイショ・ネルソン提督、そして山本五十六元帥の遺髪、広瀬武夫中佐の遺品、佐久間勉潜水艇長の遺書の写し、海軍特別攻撃隊隊員の遺書、沖縄方面特別根拠地隊司令官の大田実中将が自決直前に「沖縄県民かく戦へり、県民に対し、後世特別の御高配を賜はらんことを」と海軍次官に打電した有名な電文の写しなど、わが国の海軍史上貴重な資料がそろっている。それぞれ興味深いけれども、展示は昭和二十年（一九四五年）日本の敗戦とともにほぼ終わっていて、海上自衛隊関係の展示物はほとんど見当たらなかった。

覧《らん》の元陸軍航空隊基地跡には特攻平和会館がそれぞれあって、これらの基地から飛び立って戻らなかった特攻隊の若者の遺影と遺書が飾られている。特攻というういくさの仕方は強いる犠牲の大きさに比して効果が薄く、こんな戦い方を若い士官や兵に強いた陸海軍の上層部は実にけしからぬと思う。しかしそのむなしさをおそらくは認識しながら、それでも国を守るために幾多の若者が敵艦めざして突っ込んでいった事実は、訪れる者の胸を一様に打つ。

江田島の教育参考館が日本海軍の博物館であり、国のために戦った海軍の英雄を讃える場所であるとするならば、海軍として認知されておらず、一度もいくさを戦ったことのない海上自衛官に関する展示を同じ場所で行なうのは、存外難しいのかもしれない。もしいつの日か、参考館に東郷元帥や広瀬中佐とならんで、海上自衛隊の英雄が並ぶ日がくるとすれば、それはとりもなおさず日本が再び海軍の活躍を必要とする国家存亡の危機を迎えるということであろう。

無論国民にとって、そのような事態は起こらないほうがよいに決まっている。日清の戦い以後五十年間日本は戦争に明け暮れたのに、その後五十年間は奇跡のようにいくさがなかった。しかしこれからの五十年間もそうであるとは限らない。今後万が一日本がいくさに巻きこまれたらどうするのか、半世紀の平和になれた日本で真剣に考える人は少ない。多くの人は、戦争を否定する意志を固く持ち続けさえすれば、戦争に巻きこまれないと信じているかのごとくである。それは信心さえすれば病気にならないと信じる、新興宗教の信者に似てさえいる。こうした人々にとっては、軍人を顕彰するということ自体が、戦争を招きかねない危険な思想と映るのかもしれない。

けれども日本が国家である以上、そして国家が国民に対して負う最大の責務が国民の安全確保である以上、起こって欲しくないことを、また万が一に備えた国の守りを、誰かが考え続けねばなるまい。自衛隊は戦後そのことに専心してきた、わが国唯一の組織である。憲法が軍隊を認めず、国民が軍隊を認知しなくても、この四十五年間、自衛隊の将兵は国の安全を守るという任務達成のため黙々と励んできた。

それに、いくさがなかったというのは、彼らが何もしなかったことと同意義ではない。アメリカとの同盟締結によって、また極東における国際関係の絶妙なバランスゆえに、戦後日本の平和と安全はよく保たれ、外部からの侵略を受けることがなかった。しかしもし仮にソ連が北海道進攻を企てたならば、自衛隊はそれを阻止するため全力で戦ったであろう。もし海から敵が攻めてきたならば、海上自衛隊の艦艇が勇猛果敢に戦いを挑んだであろう。そのような事態が生起しなかったことは、国民にとってまことに幸運であった。しかしそれは結果であって、そうした不測の事態に備え常に用意を怠らなかった人々がいた事実を、我々は忘れがちである。

いくさを必要とするような危機が起こらなかったがゆえに、自衛隊の将兵は自分たちの任務を果たし、時がくると「願います」と一言残し、後任と交替して誰にも知られずに現役を退いた。

ただし太平の世にあって、この人たちが自らの存在意義に関して悩みを持たなかったわけではない。むしろ悩みだらけであったろう。海上自衛隊のある元将官は、自衛隊員が一種のコンプレックスを持ち続けたと私に語った。戦後民間に出た人たちが華々しい活躍をするのを見て、貧弱な装備しか与えられず手柄をたてることのない自衛隊員は、羨望の念を禁じえなかったそうだ。だから仲間うちだけで固まり、外に向かって心を開くことが少なかったという。

戦うことのなかった彼らの事績は、これからも決して江田島の教育参考館で英雄として飾られない。けれども部外者の目から見れば、それでも恨みがましいことを言わず、訓練を怠らず、危機に備え、何も起こらなかったのをよしとして現役を去っていった自衛隊将兵の功績は、いくさで名を上げた戦前の陸海軍将兵の功績に、勝るとも劣らないように思える。

江田島の教育参考館で、戦後の海上自衛隊に関する展示がないのを知って、私はこれらのことを考えた。

淡々会

六本木の繁華街を通り抜け、防衛庁の正門前を過ぎ、少し行った先を左に入った小さなクラブに、ある冬の日の夕方、三々五々人が集まりだした。いちばん先に到着したのは、例によって、元海上自衛隊海上幕僚長内田一臣《かずおみ》である。続いて、同じく元海幕長の中村悌次《ていじ》が現れる。この二人はどんな約束でも、遅れるということがない。他の人より必ず早く来て、背筋をまっすぐ伸ばし、座って待っている。そのあと、矢板康二元海将、浅草寺の吉川真行《しんぎょう》和尚、『朝日新聞』の佐佐木芳隆《よしたか》など、常連の顔がそろった。定刻五分前に、コンサルタントの木村英雄《ひでお》と、川村純彦《すみひこ》元海将補が、今夜の主賓ジェームズ・アワーを連れて現れる。この会は、現在米国テネシー州ナッシュヴィルにあるヴァンダービルト大学の教授を務めるアワー元米海軍中佐が来日するたびに、彼の友人が集まって催す親睦の会なのである。いつのころからか、アワーを淡《あわ》と洒落て、淡々会と称している。

一同がクラブの二階にしつらえられたテーブルにつくと、内田が音頭を取り、ビールで乾杯した。食事が供され、久しぶりに会った人々が親しく談笑する。騒がしくはならない。どちらかといえば多弁な木村はじめ、数名が最近の日米関係について論を張り、時折アワーが意見を求められて答えるぐらいで、会の名前どおり淡々としたものである。内田や中村は、ただにこにこと他の者たちの応酬に耳を傾ける。口数は多くないが、いかにも愉快そうである。一通り食事がすむと、内田と中村が立って一言ずつ挨拶をし、これに応えてアワーが謝辞を述べる。アワーは、最近の自分の活動や米国の政治情勢について報告し、さらに息子悌一郎《ていいちろう》の近況を話した。悌一郎の名前は、中村の悌と内田の一から取ったものである。二人の老提督は、うんうんとうなずくようにして話を聞く。内田の目が心なしか多少潤んでいるようであった。

こうして宴はなごやかなうちに終了した。木村とアワーとその他数人は、少し飲み足りない様子で夜の街に向かったけれど、提督たちは挨拶を交わすとまっすぐ地下鉄の駅に向かい、家路についた。中村がよく通る声で一言、「いい会でした。また会いましょう」と言った。内田が無言でうなずいた。提督たちは踵を廻らし、背筋を伸ばして大股で、繁華街の雑踏のなかに消えていった。

極東の安全保障問題に興味がある人ならば、ジェームズ・アワーの名前をどこかで耳にしたり、彼が書いた論説を読んだことがあるだろう。一九八〇年代を通じ、レーガン政権下の米国防総省で、アワーが日本部長を務めたのを覚えているかもしれない。

米ソ冷戦の最後の十年間、日米は緊密な防衛協力関係を樹立するのに成功した。ときに経済面でぎくしゃくすることがあっても、安全保障面ではゆるぎない信頼関係が存在した。八〇年代末期に東芝機械事件やFSX問題が起こったときでさえ、この関係に修復不能な亀裂が入ることはなかった。それが中曽根、レーガンという、両国首脳の指導力に負うところが大きかったのは、もちろんである。しかし両国間の緊密な防衛協力体制は、日米の多くの専門家が陰で支えたものである。

そうした専門家の一人として、アワーはワインバーガー国防長官、アーミテージ国防次官補などの政策決定者へ、日本の防衛政策に関し的確な情報を提供し、同盟国日本の重要性を説き続けた。この人が日米同盟の維持発展において果たした役割は小さくない。一九八八年に国防省を辞めヴァンダービルト大学へ移ってからも、アワーは日米同盟関係について積極的に発言を続けている。そしてアワーが初めて日本にやってきて以来、彼の対日理解を助け、日本への信頼を形成するうえで力があったのが、淡々会の面々をはじめとする日本の友人たちなのである。

海軍少尉アワー

アワーが初めて日本へやってきたのは、一九六三年八月である。この年の六月、ウィスコンシン州ミルウォーキーにあるマーケット大学を卒業すると同時に海軍少尉に任官し、最初の勤務先である米海軍佐世保基地所属の掃海艇「ピーコック」に乗り組むため、軍用機で東京都下にある米空軍横田基地へ到着した。

ミネソタ州セントポールでドイツ系カトリックの家庭に生まれ、ミルウォーキーで育ったアワーは、マーケット大学へ進学するとき父の勧めで、海軍の予備士官養成プログラムに応募した。これはROTCと呼ばれる米軍独特の制度で、四年制大学に在学中、毎週軍事教練を受け、卒業時には士官学校卒業生と同じ資格と待遇を与えられる。通常の授業を受けながら軍事に関する勉強や訓練を行なうのだから楽ではないが、学費が全額免除となり、いささかの手当ても支払われる。そのかわり卒業後は一定年限軍人として勤務する義務がある。アメリカの大学は授業料が高いから、この制度を通じて自分の力で大学を出る若者は多い。

私も七〇年代に米国の首都ワシントンの西北にあるジョージタウン大学へ留学中、軍服を着てキャンパスを歩いている学生がいて、あれはROTC、通称ロッツィーの学生と教えられた。私のルームメートがロッツィーの一人で、時々陸軍の軍服を着て訓練に出かけたのを覚えている。もっとも彼はある夏の集中軍事教練で音をあげて、自分は軍人には向いていないとやめてしまった。相当きつい訓練のようだった。

アワーが応募したのは、この制度の海軍版である。アワーの家で特に学費が払えなかったわけではない。別に海軍に憧れてもいなかった。若いとき軍の奨学制度に応募する機会を逃して大学に進まなかった父親がむしろ乗り気で、その気持ちを傷つけたくなかったので受けたのだという。高校の教師であった神父に勧められたし、見学に訪れたマーケット大学で教練を担当していた海兵隊少佐からもいい印象を受けた。

ともあれ、願書を出したアワーは無事海軍予備士官に選ばれ、軍事教練を受けながら大学での勉学に励んだ。夏休みには、カナダのケベックからセントローレンス川を下りニューヨークまで航海する艦艇実習に参加した。訓練は厳しかった。アメリカ版のしごきもあった。そして何度かくじけそうになりながら四年の課程をこなし、無事少尉に任官した。艦艇実習のとき、どんなに時化《しけ》ても船酔いにならない体質とわかったのが、途中でやめなかった理由のひとつだと、アワーは述懐する。

アワーの最初の勤務地が日本になったのは偶然であって、この東洋の島国に特段の興味があったわけではない。それまで日本に関しての記憶といえば、子供のとき「日本との戦争が終わった」と大人が叫んでいたこと、日本製の玩具がよく壊れたこと、高校時代に触れた日本の美術品を美しいと思ったことぐらいであった。おそらくこれは日本で勤務する米海軍将兵の平均的姿であろう。希望して来る者もなかにはいるが、大部分は日本に対して特別の興味を抱いていない。ニューポートやハワイの代わりに、たまたま日本に配属されたまでである。

アワーの場合、日本行きが実現したのは、マーケット大学を卒業する前に教官の一人から掃海艇に乗ることを勧められたのがきっかけである。掃海艇は小さな船だから、少尉で乗り組んだとたん、艇長、副長に続く艇内第三の地位が与えられる。若い士官が船乗りとしての経験を積むのに、これほどいい機会はない。艦艇実習で船が好きになっていたアワーは、なるほどと思って掃海艇配属を希望し、また海軍に入った以上外国へ行きたかったので、海外勤務を望んだ。

当時米海軍の掃海艇は、カリフォルニア州ロングビーチ、サウスカロライナ州チャールストン、そして佐世保の三基地にしか配置されていなかった。したがって海外での掃海艇勤務は佐世保しかなかったのである。むろん勤務地が希望どおりになるとは限らない。なかなか返事がこなくていらいらしたが、たまたま佐世保基地所属掃海艇九隻のひとつに空《あ》きが出て、急遽願いがかなった。前任者は船酔いがひどくて転勤を申し出たとのことであった。もしこの偶然がなかったなら、アワーは日本との縁がなく、海軍でまったく別の道を歩んでいたかもしれない。

少尉に任官したアワーは、カリフォルニア州サンディエゴの通信学校で六週間の訓練を受けたのち、トラビス空軍基地から軍のボーイング707で横田へ飛んだ。その夜は立川基地に泊まる。日本で最初に目にしたのは、基地のわきにある大きなピザの広告看板であったという。おそらくアメリカ軍関係者を対象にしたものだろう。米海軍横須賀基地へ出頭したあと、立川から九州の板付《いたづけ》へ飛び、米軍のバスで佐世保へ向かった。台風が来たのか、よこなぐりの激しい雨が降っていた。あたりはすでに暗い。バスの運転手は雨で視界をさえぎられ、アワー少尉が着任すべき艇を見つけられなかった。しかたなくその夜は、基地内の将校宿舎に泊まった。

天候が回復した翌日土曜日の朝、アワーは、岸壁に停泊中の掃海艇「ピーコック」のラッタル（舷梯）を昇った。全長一四四フィート（約四〇メートル）、士官五名、水兵三〇名の小さな艇だが、彼にとっては海軍の将校として最初のデューティである。まだ二十二歳の少尉は、緊張して舷門の若い当直水兵に、「アワー少尉、ただ今着任しました、乗艦許可を願います」と、直立不動で敬礼した。水兵はアワーに乗艦を許可したあとで、くすくす笑いながら当直将校のところへ行き、「あの少尉は掃海艇のことを、なんにもわかっちゃいませんぜ」と報告した。この小さな艇で、直立不動で当直の水兵に敬礼するなど、規則どおり格式ばった固いことをする者は、一人もいなかったからである。

こうしてアワーは米海軍での生活を始めた。佐世保を母港とする「ピーコック」には、二十二ヵ月勤務した。中尉に進級したあと六ヵ月間ロードアイランド州ニューポート海軍基地にある駆逐艦乗組専門長士官養成学校で教育を受け、六六年五月、カリフォルニア州ロングビーチで駆逐艦「ディヘイヴン」に乗り組み、再び横須賀へ帰ってきた。大尉に進級し六七年十二月、掃海艇の艇長になるため本国へ帰るまで、横須賀を母港とする「ディヘイヴン」のオペレーション・オフィサー（船務長）を務めた。二度目の日本勤務は、約十九ヵ月ということになる。アワーは海軍に入ったばかりで前後二度、あわせてほぼ三年半、佐世保と横須賀を母港として船乗りとしての研鑽を積んだ。しかしこの時点でもまだ、日本に対し特段深い興味を抱いたわけではない。

一九六〇年代、米国はヴェトナム戦争へ次第に深入りしつつあった。「ピーコック」も「ディヘイヴン」もたびたび南シナ海へ出動し、母港で過ごす時間はあまりなかった。「ディヘイヴン」の作戦行動中、あるヴェトナムの島に接近した際、北ヴェトナム部隊の機関銃一斉掃射にさらされ、危ない目にあったこともある。アワーは典型的なヴェトナム戦中派なのである。

たまに母港へ帰ってきても、艦に残りほとんど上陸しないことが多かった。アワーは独身であったから、なるべく長く陸で過ごしたい妻帯者に時間をゆずって、たまの休暇は香港やフィリピンで取ったのである。また同じ港を使いながら、海上自衛隊幹部との接触もほとんどなかった。米海軍の施設と比べ、海上自衛隊の設備がひどくみすぼらしかったのが、戦後の日本海軍に関する印象のすべてだったという。

そういうわけで日本での経験は限られていたけれど、最初の勤務地日本の思い出は悪くなかった。佐世保の日米協会で短期間英語を教え、生徒の一人であった市会議長の娘と交際したことがある。また六四年十月「ピーコック」が修理のため横須賀へ入港したときには、ヴェトナム情勢緊迫のため空母機動部隊が急遽出港となり、米海軍に割り当てられた二〇〇枚のオリンピック競技入場券がすべて、「ピーコック」乗員三五名のものとなった。アワーたちは横須賀から東京に代わる代わる遠征し、競技を見てまわった。日本中がオリンピックに夢中になっていて、海軍軍人だろうが選手であろうが、外国人はどこでも大歓迎された。アワーは日本人に対し、親しみを感じた。

アワーだけでなく、戦後横須賀や佐世保に駐在した経験のある米海軍関係者は、その多くが現在にいたるまで日本と日本人に好意的である。私がアメリカに住んでいたときも、むかし日本に駐屯していたという現役退役の海軍士官や下士官に出会うと、決まってなつかしそうに思い出を語ってくれた。もしかすると、日本で勤務した米国軍人、特に海軍軍人は、層の厚さからも数のうえからも、もっとも有力な隠れ親日派かもしれない。

それはともかく、アワーが日本への関心を本格的に抱くのは、「ディヘイヴン」での任務を解かれて本国へ帰ったのちである。今度もまた偶然のきっかけからであった。アワーは帰国後、サウスカロライナ州チャールストンを母港とする掃海艇「パロット」の艇長を務めた。「パロット」は当時米海軍に在籍した九〇二隻の艦艇中、艦艇長の序列が九〇一番目で、アワーは一九六三年大学卒業の艇長二人のうちの一人（もう一人は兵学校出身者）だった。全海軍でもっとも若い艇長である。ところが一九六八年、リンドン・ジョンソン大統領が海軍艦艇の大幅削減を約束したため、艇を下りざるを得なくなる。海の上の生活を愛していたアワーは、これを機会に海軍をやめて大学院へ進み、民間人として再出発しようかと考えた。

ちょうどそのとき、海軍がアワーに耳よりな話をもちかけた。ハーヴァード大学とタフツ大学が共同で運営する国際関係論専門大学院、フレッチャースクールで勉強しないかというのである。六〇年代ロバート・マクナマラ国防長官を中心とする民間人に戦略戦術をかきまわされた海軍は、内部から専門家を養成するのに熱心であった。若くて優秀な士官を選んでは、外部の大学へ教育に出す。アワーはその一人に選ばれた。

理由はともかく、そろそろまた勉強したいと思っていたアワーにとっては渡りに舟である。二年間、海軍がただで学校に行かせてくれる。何を勉強してもいいという。卒業後海軍にまた奉公するのも、悪くない。そんなわけで、彼はフレッチャースクールへの進学を決めた。

大学院での勉学二年目に、アワーはハーヴァードの学部でエドウィン・ライシャワー教授の日本政治論を聴講する。自分が三年半過ごした日本という国について、少し体系的に学びたいと思ったからである。アワーは日本の歴史、社会、政治について、初めてまとまった知識を得た。ライシャワー教授の人柄に感服したアワー大尉は、さらに教授のセミナーを受講し、修士論文の指導を頼む。海軍はアワーに軍事関連の論文を書く義務を課していなかったが、どうせ書くならと戦後占領期における米海軍の対日政策をテーマに選んだ。そしてワシントンの国立公文書館へ出かけて調査をするうちに、びっくりするような資料にぶつかる。朝鮮戦争中、日本の掃海艇が実戦に出動したという、米海軍の公式記録である。

開戦後釜山に追い詰められた米軍を中心とする国連軍は、マッカーサー将軍の指揮のもと劇的な仁川上陸によって一挙に態勢を挽回する。そのあと、朝鮮半島の東海岸元山でも上陸作戦が実施されることになったが、上陸に先だち北朝鮮が港内に敷設したソ連製の機雷を除去する必要があった。ところが当時米海軍には十分な掃海能力がない。そこで米海軍は、戦後海上保安庁に属し日本周辺海域の掃海にあたっていた旧海軍掃海部隊に、出動を要請したのである。

こうして一九五〇年の十月から十二月にかけて、一二〇〇人の旧海軍軍人がのべ四六隻の掃海艇に乗り組んで、元山その他朝鮮水域の掃海にあたった。一隻の掃海艇が作戦中触雷して沈没し、一人が戦死、八人が負傷した。これはまぎれもない他国での戦闘行為である。

憲法九条で戦争を放棄し軍隊を廃止した日本が、戦争に参加していた。当然のことながら、この事実は長いこと極秘扱いとなっていた。しかし米国の政府文書公開規定に従って二十年後記録が公開されたのを、アワーが見つけたのである。彼の知る限り、戦後日本の艦艇が軍事行動に従事したという事実は、当時まったく知られていなかった。

アワーはこの発見をもとに、ボストンへ戻って修士論文を完成させた。アワーの調査報告を聞いたライシャワー教授は、新発見に驚き興奮した。そして日本へ行ってさらに調査を行ない、戦後日本海軍の成立をテーマに博士論文を書くように勧めた。アワーが自分は日本語ができないからとためらうと、ライシャワー教授は言った。

「戦後日本海軍の歴史は、いま記録に残しておかねば消えてしまう。いつかきっと日本人があなたの仕事をついでくれるでしょう」

戦後日本海軍の研究家としてのアワーは、こうして誕生した。

海上自衛隊との出会い

アワーがフレッチャースクールの学生として三度目の来日を果たしたのは、少佐に昇進してまだ間のない一九七〇年七月である。軍人としての特権を利用して、厚木まで海軍の輸送機に便乗してやってきた。米国軍人は私用であっても、空席さえあれば軍用機にただで乗せてもらって世界中どこへでも飛べるのである。

アワーは財布にあまり余裕がなかった。そこで東京に着くと、赤坂にあった米軍将校用の山王ホテルに転がりこむ。小さなシングルルームに公用であれば一日一ドルで泊まれた。当時でもこれは安い。ただし三十日以上の宿泊は許されないことになっていて、一月ごとにチェックアウトせねばならなかった。アワーはこうして日本に当初六ヵ月滞在し、戦後日本海軍の歴史に関する調査を積極的に行なった。

アワーは東京で人と会うのに、少しも困らなかった。ワシントンの海軍関係者がたくさん紹介状を書いてくれたからである。とりわけ海軍作戦部長エルモ・ズムワルト海軍大将が、海上自衛隊海上幕僚長内田一臣海将へ認《したた》めてくれた手紙は貴重であった。作戦部長は、文官である国防長官と海軍長官を除けば、米国海軍将兵の最高指揮官である。一少佐のために、米海軍の首脳は親切であった。この手紙が出るように取り計らったのは、一九八〇年代統合参謀本部議長として活躍することになるウィリアム・クロー大佐である。当時は海軍作戦部のアジア部長を務めていた。クロー大佐やズムワルト大将がアワーに示した好意の背景には、戦前にもまして緊密な日米海軍の関係があった。

ズムワルト大将の手紙は、アワーが東京へ到着する前に在日米大使館の駐在武官を通じて、すでに海上幕僚監部へ届けられていた。そして山王ホテルで旅装を解く間もないうちに、六本木の防衛庁へ出向かれたしとの連絡が海幕から入る。海上幕僚長が直々に会うというのである。こうして日本へ着いたばかりのアワーは、七月初旬、通訳の女性をともなって防衛庁の正門をくぐり、海上幕僚長の応接間に通された。

アワーを待ち受けていたのは、内田海上幕僚長だけではなかった。内田の次に海幕長となる石田捨雄海将、掃海艇に乗って自ら朝鮮戦争に出動した経歴を持つ国嶋清矩《きよのり》海将補をはじめ、全部で五人の将官がアワーに挨拶した。面食らったのはアワー少佐である。これまでこれほど多くの海軍将官に会ったことがなかった。どうやら海上自衛隊は、ズムワルト海軍作戦部長からの紹介状をきわめて真剣に受け取ったらしい。緊張して調査の目的を話すアワーに、内田海幕長は言った。

「あなたが、戦後の海上自衛隊の歴史を調査しに我々のところへ来られて、大変嬉しい。海上自衛隊には、多少いいことがあります。しかし海上自衛隊には好ましくないこともたくさんあります。私はあなたに、その両面を研究してほしい。そして私たちに、その成果を教えてください。海上自衛隊の誰とでも自由に話してください。わが組織の好ましくない側面を知って、がっかりなさらないことを祈ります」

内田は国嶋海将補にアワーの面倒をみるよう指示した。市ヶ谷の海上自衛隊幹部学校に一室を与えられたアワーは、戦後海上自衛隊の発足を極秘裡に計画した旧海軍将官を中心とするY委員会の議事録を見せてほしいと内田に頼み、これも許された。ただし、門外不出複写厳禁だから、自分の部屋に来て見なさい。そこでアワーと通訳の女性は、しばしば防衛庁を訪れ、海幕長の部屋でY委員会の議事録をめくることになった。内田はいつもにこやかに彼らを自室に迎え入れた。

この仕事を通じてアワーが交際するようになった女性通訳は、内田が温厚な紳士であることに驚いたと、あとでアワーに語ったという。軍人は悪者だと学校で教えられてきた戦後世代の彼女にとって、海上自衛隊の最高指揮官が知性にあふれ、ユーモアがあり、やさしい人間であることが、意外であったのである。

内田は、アワーが調査を始めて二ヵ月ほど経ったころ、他に誰もいない席で資金援助を申し入れたことさえある。

「日本は物価が高くて大変でしょう。私の給料を少し分けましょう。遠慮しないで受け取ってください」

この申し出をアワーは鄭重に断わった。資金に余裕がなかったのは確かだし、切り詰めた生活をしていたが、一九七〇年当時、円に換算したアワーの給料は、海幕長の給料とほぼ同額だったのである。なぜそこまで親切にしてくれるのかとアワーが尋ねると、内田は、

「あなたの研究が完成するのは、我々自身の利益となるからです」

と答えたという。

こうしてアワーは、当時まだ健在であった海上自衛隊発足に携わった多くの関係者から次々と話を聞き、「海国日本の戦後海上兵力」という題で博士論文を書いた。この論文は『よみがえる日本海軍』という邦題で、時事通信社から一九七二年に、朝鮮戦争派遣掃海部隊の一員であった妹尾作太男《せのおさだお》の訳で出版され、翌年改めて『日本海上兵力の戦後再軍備』と題してアメリカで刊行された。

敗戦とともに解体させられた帝国海軍が、連合軍による占領期間中その人員と知識を温存し、再興を期していたこと。一部旧海軍将兵と艦艇は掃海部隊として機雷除去活動を継続し、朝鮮戦争に参加したこと。朝鮮戦争が勃発し米国政府が日本の再軍備に積極的になったとき、旧海軍関係者が受け身ではなく積極的に新海軍の発足をめざしたこと。海上自衛隊の発足に力のあった旧海軍関係者が主として戦前の対英米協調派からなり、海上自衛隊の戦略思想を米国海軍との密接な協力関係においたこと。その思想は戦後のつけ焼刃ではなく、戦前からほぼ一貫したものであったこと。そして日本海軍再興の望みに、米国海軍関係者が好意のこもった援助をしたこと。これらがアワー論文の骨子であった。

政権に参加した旧社会党が村山首相のもとで自衛隊を合憲と認めた今日でこそ、海上自衛隊成立の過程をこのように積極的にとらえる見方には、違和感がない。しかし七〇年代初頭、自衛隊を見る目は冷たかった。左の勢力は自衛隊を憲法九条と両立しない一刻も早く廃止すべき存在と考えていたし、右の勢力も自衛隊は朝鮮戦争の勃発にともない便宜的に設けられた中途半端な存在とみなし、まともな軍隊とみなさなかった。

これに対し海上自衛隊と帝国海軍の連続性を明らかにし、地政学的、戦略的観点から海上自衛隊と米国海軍との協力の必然性、重要性が、戦前戦後を通じ少しも変わらないと説くアワーの論文は、海上自衛隊のレーゾンデートルを初めて外部の者が明らかにしたものといえよう。日米海軍の密接かつ積極的な協力関係が、太平洋の安全保障にとって不可欠であるというアワーの信念は、今日にいたるまでいささかも変わっていない。

日米海軍をつなぐ糸

アワーがフレッチャースクールの大学院生時代に日本掃海艇の朝鮮戦争出兵の記録を国立公文書館で見つけてから、日本へやってきて内田海上幕僚長に会い海上自衛隊発足の歴史を記すにいたる過程には、まるで見えない糸に導かれているような趣がある。

海上自衛隊成立の歴史という、一風変わったテーマを博士論文に選んだ米国海軍の一少佐に、日米の海軍関係者は尋常でない支援を行なった。まるで語り部を見いだしたかのように、多くの情報を与えた。そこには海軍という組織のもつ一種普遍的、開明的な性格と、戦争のために一度途切れた日米海軍関係の不思議な近さが感じられる。アワーは日本海軍再興過程の研究を通じ、多くの日米海軍関係者と知り合った。逆に日米の海軍関係者はアワーを通じて、お互いの交流を深めた。

であるならば、アワーが出会い、アワーが親交を結んだ人の輪をたどれば、戦後日本海軍つまり海上自衛隊の姿が、そして海上自衛隊と米国海軍との交流のありさまがわかるかもしれない。海軍内部だけにとどまらず、その周辺にあって戦後の日米安全保障関係を支えてきた、あまり知られていない人たちについて描けるかもしれない。日米海軍に多くの人脈を築いたアワーという一人の個人を通し、そしてアワーが知り合った多くの人々の話を聞いて、海軍を基軸としたもうひとつの戦後日米関係史を描いてみたい。

II　海上幕僚長内田一臣

アワーとの出会い

　山手線を原宿の駅で降り、明治通りへ出てしばらく北へ進むと、日本海海戦の英雄東郷平八郎元帥を祀る東郷神社に出る。鳥居をくぐって境内に入ったその奥に、海軍関係者の集まる水交会の建物がある。ブティックやレストランが立ち並ぶ原宿の町の喧騒とうって変わり、木立に囲まれ池を擁したこの一角は不思議な静寂を保っている。元海上自衛隊海上幕僚長内田一臣は、水交会一階のロビーで私を待っていた。ジェームズ・アワーとの交流、海上自衛隊と米国海軍間の戦後の関係について話を聞きたいという私の希望を入れて、時間を割いてくれたのである。すでに八十歳になる小柄な老人は、ソファーに腰をおろして私に対した。冬の午後の柔らかな日差しがガラス窓を通して差しこみ、内田の頬に当たる。

私は三十年ほど前、現役の海上幕僚長であった内田に一度会っている。まだ中学生の頃、海上自衛隊の迎賓艇「ゆうちどり」に招かれた父についてゆき、隣に座った内田海将と言葉を交わしたのである。内田は帝国海軍の制服とよく似た、海上自衛隊の真っ白い夏の制服を身につけていた。少しも威張った風を見せず、それでいて子供の私にもわかる威厳をもって対した。

「おまえ、あの人は帝国海軍ならば軍令部総長と海軍大臣をあわせたような、海軍で一番偉い人だぞ。馴々《なれなれ》しいにもほどがある」

と父には呆れられたが、海上自衛隊で一番偉い人はにこにこと気にする様子がなかった。

あれから長い歳月が経ち、内田はとっくに現役を退いている。しかし最初に会ったときと現在と、印象が少しも変わらない。小柄で一見華奢であるが、きりっとして姿勢がよく、一挙手一投足に無駄がない。自らの考えを論理的にはっきり述べるが、冗長にはならず余計なことを言わない。この人がもっているすがすがしさは、海軍の教育によるものだろうか。それとも内田自身の資質であろうか。私は静かな水交会の一隅で内田の話に耳を傾けながら、そんなことを考えた。

ジェームズ・アワーを囲む友人たちの集まり淡々会の一員である内田一臣は、一九六九年(昭和四十四年)から一九七二年まで海上自衛隊の最高指揮官である海上幕僚長を務めた。前章で述べたとおり、海上自衛隊発足の歴史を調べるため来日したアワーが最初に会った日本の海上自衛隊関係者が、当時この地位にあった内田である。内田自身は、アワーと初めて会ったときのことをそれほどよく覚えていないという。特に個人的つきあいがあったわけでもないしと、内田の話は最初からあっさりしていた。

「確か米海軍作戦部長のズムワルト大将から紹介を受けて、アワーさんが海上自衛隊の成立について調査にやってきた一九七〇年ごろ、最初に会ったんだと思います。日本の戦後海軍成立の過程を調べるとは、驚いた。偉い人がいるものだ、よほど将来を見ている人だと思いました」

戦後四半世紀たった七〇年代の初頭、海上自衛隊を含め自衛隊の存在はまだ小さかった。日本は米国の軍事力に完全に依存しており、有事即応の概念などなきに等しい。左の陣営は自衛隊の存在そのものを認めようとせず、隊員やその家族を税金泥棒とののしる。大江健三郎が「ぼくは防衛大学生をぼくらの世代の若い日本人の一つの弱み、一つの恥辱だと思っている」と書いたのは昭和三十三年（一九五八年）だが、進歩的知識人の認識はそのころからさほど変わっていなかった。また左右を問わず、政治家、官僚、国民各層に、まだまだ強い軍隊アレルギーが存在した。一九六〇年の日米安全保障条約改定以後、わが国の安全保障についてまともな議論は行なわれず、むしろ避けられていた。

米海軍と比べると海上自衛隊の装備は見劣りがしたし、艦艇や航空機の数も種類も太刀打ちができない。隊員の宿舎や厚生施設はまだまだ貧弱であった。政権内の政治家や防衛庁内局の官僚自身が、日米の海上兵力を対等とは考えない。両者の制服組が交流するのを、歓迎する雰囲気もなかった。

そのような時代に、米国海軍の若い一少佐が海上自衛隊について研究をしたいという。アメリカの海軍軍人が戦後日本の海軍力を研究に値する課題ととらえ、将来大きな役割を果たすと考えている。内田は嬉しかったに違いない。だからこそアワーに最大限の便宜を与えるよう、部下に指示した。そして内田の公私にわたる援助の申し出に恐縮するアワーに、「あなたの研究は我々のためになるのです」と、言ったのである。

その後、海上自衛隊は量的にも質的にも飛躍的な成長をとげ、八〇年代には極東の対ソ抑止戦略の一翼を担うまでになる。九〇年代にはペルシャ湾で掃海任務に従事し、ロシアや韓国の海軍と共同訓練を実施する。日本海沿岸に出没した不審船を拿捕《だほ》するため海上警備活動命令が発動され、護衛艦や航空機が警告射撃を行なう。今になってみれば当然のようなこうした事態が、七〇年代初頭には夢のまた夢であった。海上自衛隊が国民の間で現在のような地位を確立するとは、内部の者でさえ信じていなかっただろう。

しかし内田は、日本にとって海上自衛隊の存在が不可欠であると固く信じていた。そしてその将来は、米国海軍との緊密なる関係なくしてありえないと確信していた。太平洋の安全を、日米の海軍が協力して守るべきだと考えた。けれどもそうした考えを述べるのは、制服組の長に期待される役割ではない。草創期海上自衛隊の一員として、また戦争をはさんで四十年近くに及んだ海軍生活最後の任務である海上幕僚長として、彼はただ黙々と任務を果たした。そして海上自衛隊の将来を後輩の手に委ね、海軍の役割について自分の信じるところを言い残し、静かに退役したのである。

帝国海軍軍人から海上自衛隊隊員へ

内田は海軍兵学校六十三期の出身である。昭和七年（一九三二年）に入学し、同十一年に卒業した。海軍兵学校は、明治二年（一八六九年）に創設された海軍操練所がその前身である。明治三年に海軍兵学寮と名を改め、同九年以降海軍兵学校と呼ばれた。最初東京・築地にあった兵学校は、明治二十一年八月に広島県の江田島へ移る。昭和二十年（一九四五年）の敗戦、そして帝国海軍消滅とともに、その年の十月閉鎖、十一月に廃止と、七十六年にわたる歴史の幕を閉じたが、十二年後の昭和三十二年に江田島の全く同じ場所で、海上自衛隊幹部候補生学校が開校した。翌年から赤煉瓦の兵学校生徒館が教育に使用されたことを含め、この学校には帝国海軍時代の伝統がさまざまな形で残っている。

たとえば幹部候補生学校の卒業式は、兵学校の卒業式と様式がほとんど変わっていない。大講堂での式が終わり三等海尉に任官した卒業生は、父兄を交えて祝いの膳を囲んだあと、軍艦マーチの奏楽にあわせて敬礼をしながら一列縦隊で表桟橋に向け行進する。英国ダートマス、米国アナポリスの海軍兵学校と同じように、江田島の正門は江田内《えたうち》と呼ばれる静かな湾に突き出した桟橋なのである。

表桟橋に到着した卒業生は、次々と交通艇に乗り組む。全員が移乗すると、音楽隊は曲を蛍の光に変える。同時に数隻の交通艇が一斉に表桟橋を離れ、練習艦隊の各艦めざして散っていく。卒業生は交通艇の後甲板に整列し、全員見送りの人々を向き、帽子を振って別れを惜しむ。海上幕僚長、幹部候補生学校校長以下、送る側も帽振れでこれに応える。沖に錨《いかり》を下ろして待機する練習艦隊の各艦は錨鎖をつめ、いつでも出港できる態勢で待っている。これらの艦に乗り込んだ卒業生はただちにデッキへかけ上がり、学校の方を向いて再び整列し、登舷礼式の態勢をとる。

全員が並んだところで旗艦から「出港せよ」の令が旗流信号で下り、それを受けた各艦は艦長の「出港用意、錨揚げ」の令で錨を揚げる。陸では海上幕僚長が黄色の下げ緒のついた双眼鏡を手に台の上に立ち、練習艦隊を睥睨する。当直将校が「『かしま』出港します、『かしま』に帽振れえ」と号令をかけ、見送りの人々が再びゆっくりと帽子を頭上で振るなかを、艦は静かに動きはじめ、遠洋航海に向けて江田内の湾から出港してゆく。頭上を海上自衛隊航空部隊の航空機が数機、祝意をこめて低空で通過する。各艦が動きはじめるたびに「帽振れ」の号令がかかり、見送り人は帽子を振って航海の無事を祈るのである。

昭和十一年（一九三六年）の三月、内田もこうして江田島を離れ、同期の少尉候補生とともに遠洋航海に出発した。練習艦隊は「磐手《いわて》」と「八雲《やくも》」の巡洋艦二隻からなり、目的地はアメリカ合衆国であった。太平洋を渡り、シアトル、サンフランシスコ、ロサンゼルスの外港サンピドロと寄港。パナマ運河を抜けるとカリブ海を横切り、ハバナへ寄港したあとフロリダ半島を廻ってチェサピーク湾へ入る。さらに米国大西洋岸を北上してハドソン川をさかのぼり、ニューヨークの港へ停泊した。上流から大量のコンドームが流れてくるのにぶつかり、なにも知らない若い候補生に指導教官がにやにや笑って教えてくれた。アメリカという国はすごい、これもマイティーなアメリカの表われと思ったそうだ。

ニューヨーク滞在中は、英国キュナード社の新造巨大客船「クィーンメリー」や、マンハッタンの真中にそびえるエンパイヤステートビルを見学する。ここで反転し、再びパナマ運河を通過し、ハワイで日系人の歓迎を受ける。そのあと内南洋の島々に寄ってから日本へ帰ってきた。高いビル。すばらしいハイウェー。アメリカの豊かな光景は、候補生たちの目に焼きついた。

昭和十一年といえば、二・二六事件の年。翌年の盧溝橋事件によって大陸での戦争が拡大し、日米関係も次第に不安定さを増す時期である。アメリカに遠洋航海で行く若い士官の胸中には、いつかこの国と戦う事態があるかもしれないとの思いがあった。候補生同士、将来アメリカと戦うのだろうかと話し合ったこともある。出発前高橋三吉連合艦隊司令長官から候補生に訓示があり、「おまえたちは太平洋の波の一波一波をよく見てこい、おまえたちが将来戦う場所なんである」と言われた。一方、この年の練習艦隊司令官吉田善吾中将は、ワシントン州タコマでのスピーチで、「日米が戦うことは絶対ありません」と述べた。

高橋は軍縮に反対し英米との協調に反対する、艦隊派の総帥加藤寛治海軍大将の腹心として知られる人物である。一方、吉田は山本五十六と兵学校が同期で、軍縮を支持し対米不戦を唱える条約派の一人であった。翌年連合艦隊司令長官へ就任し、昭和十四年八月から十五年九月まで米内光政の後任として海軍大臣を務めたが、最後は独伊との三国同盟締結の圧力に抗し切れず、神経を病んで倒れ辞任した。それはともかく、この二人の言葉を聞いて、偉い人でも人によってずいぶん言うことが違うと若い内田は思った。

しかしまだ兵学校を出たばかり、二十代前半の若者である。戦略をめぐる海軍上層部の対立など知らない。また遠洋航海で一度アメリカを訪れたぐらいで、日本がアメリカとどうつきあっていくべきかなどわかるはずがなかった。

遠洋航海から帰ってきた内田は、駆逐艦、巡洋艦、潜水艦などに乗り組んで海軍士官としての経験を重ねた。また第二次上海事変では、陸戦隊を率いて白兵戦に参加した。戦争とはいえ、人を殺すのは恐ろしいと思った。対米開戦の時はすでに大尉に進級している。遠洋航海で見たあの強大な国アメリカと戦うのかと思うと、足が震えた。連合艦隊旗艦「大和」乗り組みとなり、ミッドウェー海戦に出撃する。「赤城」「加賀」「蒼龍」「飛龍」と、四隻の航空母艦を沈められ、敗残部隊を撤収して内地に帰ってきた。

この海戦中、内田はアメリカに対する認識を少し変えた。「大和」の司令部へ、前方に展開する戦闘部隊からひっきりなしに電報が入る。数の上でも性能上も明らかに劣性で鈍重だと思っていたアメリカ海軍の雷撃機や水上機が、落とされても落とされてもミッドウェーの基地から飛び立ってわが機動部隊に手向かってくる。

これはまったく予想しない事態であった。アメリカ人は臆病で意気地がなくて、戦意など持ち合わせていない。日本人は皆そう信じていた。遠洋航海中に立ち寄ったサンディエゴの海軍基地で見た戦艦は、古くさくて大したことがなかった。水兵の服装はばらばらだし、規律は間のびしているし、アメリカ海軍取るに足らずとの印象をもった。それがどうだ。勝つ見こみもないのに突っ込んでくるではないか。ミッドウェー海戦は運命のいたずらもあって、日本海軍が惨敗を喫した。これは容易ならざることだと内田は密かに思った。

ミッドウェー海戦のあと、内田はトラック島の連合艦隊司令部で勤務し、その後内地へ戻る。戦況は日増しに悪くなったけれど、それでもまさか負けるとは思っていない。敗戦は横須賀の砲術学校部隊参謀として迎えた。アメリカ軍上陸に備えて陸戦の訓練に励んでいたが、所詮無駄な努力であった。少尉に任官してからすでに九年、少佐になっていた。生き残ってさあどうするか。軍人はアメリカに連れていかれ奴隷にされるという噂が流れた。それなら行こうじゃないか。そんな気持ちであった。

そのうち米軍が砲術学校にやってきて、事務を引き継ぐことになった。武器を差し出し、ごく機械的に何事もなく終わった。恐怖は感じない。敵愾心も覚えない。どこかへ連行されるようなこともなかった。砲術学校での引き継ぎが終わると、厚木基地へ派遣された。終戦直後、小園安名《こぞのやすな》司令が降伏命令に抵抗し、武装解除にてこずった場所である。その後始末をやらされた。黒人の米陸軍中尉と折衝した。冷静で少しも高飛車に出ないのに感心する。基地内には大豆や外套など海軍の物資がまだたくさんあって、民間人がこっそり盗んでいった。大八車を押す夫婦を見咎めると、夫婦は平謝りに謝り、見逃してくれと頼んだ。みじめだと思った。軍のなかにいてはわからないみじめさだった。戦争に負けた実感が、初めてわいた。

厚木の仕事が終わってから、東京の海軍省で外地にいる海軍軍人の引き揚げ事務にあたった。昭和二十年の十一月三十日に海軍省が廃止されると、同じ任務を引き継いだ第二復員省、その後身である復員庁で働く。二十三年の夏、出身地の岡山へ帰った。東京は食料不足で満足に食べられなかったし、仕事もおもしろくなかった。郷里には先祖伝来の田畑がある。帰って百姓をやろう。制服を脱いだ兵学校出の海軍少佐は、まったくの無一文で故郷に帰ってきた。

昭和二十年を境に、日本人が軍人を見る目はがらりと変わる。戦前戦中、お国を守る軍人さんと大切にされ尊敬されていたのが、戦後は悪者扱いされた。日本が敗戦の憂き目にあったのは、皆軍人のせいだと言われた。郷里の人たちのなかにも内田に冷たく当たる者がいる。「この前まで肩で風を切って歩いていたのに」と陰口をたたかれた。内田は黙ってわずかな田畑を耕した。懸命に働いてなんとか家族の食料を確保し、末弟を学校に出した。農作業の合間には思いを文章に綴り、満たされぬ心を癒した。

しかし慣れない田舎の生活はいかにもつらかった。自分は百姓には向かない。四年間大地と悪戦苦闘してほとほと疲れた内田は、勤め人になることを決心し、新制中学の英語教師に応募した。昭和二十七年のことである。ところが採用が決まってわずか一週間目、新しく発足した海上警備隊の採用試験を受けないかと、海軍の先輩に誘われた。内田は考えた。自分は海軍のことしかわからん。海上警備隊がどれほどのことをするのか知らないが、もしかすると海に出られる。再び海の上の生活がしたい。内田はせっかく採用された教師の職を捨て、海上警備隊へ入隊した。海軍の再建などと、格好いいことは考えていない。ただ食うために入ったのだと、内田は笑う。内田にとって第二の海軍生活は、こうして始まった。

アメリカへ渡る

アワーの研究に詳しいように、帝国海軍の関係者は敗戦直後から海軍の再興に思いをめぐらしていた。彼らは極秘のうちに計画を練り、来る日に備えた。一方、戦時中日本周辺に敷設された日米双方の機雷除去のため、旧海軍の掃海艇は引き続き任務を続行する。朝鮮戦争中は日本の掃海艇が米海軍の要請に応じて出動し、朝鮮半島沿岸で掃海を行なった。その意味でアワーが指摘したとおり、日本海軍の人的伝統と作戦活動は敗戦によって途切れはしなかったのである。そして朝鮮戦争勃発を機に、日本の再軍備が初めて占領当局によって検討されはじめる。

当初米国は、日本海軍の再興まで考えていなかったようである。日本列島周辺の海域はアメリカ海軍が護る。日本には米国のコーストガード（沿岸警備隊）に相当する海上保安庁があれば足りるとの考えが強かった。これに対し、開戦時駐米大使を務めた野村吉三郎《きちさぶろう》元海軍大将をはじめとする帝国海軍の出身者が、旧知である米国海軍関係者の理解と協力を得て日米両政府へ懸命に働きかけ、海上保安庁の一部ではあるが組織的には別個の海上警備隊が誕生したのが、昭和二十七年（一九五二年）の四月二十六日である。この日海上保安庁法の一部を改正する法律が公布、即日施行された。発足時の定員は約六〇〇〇名。六月末になってもまだ充足員数がやっと一〇〇〇名に達した程度であった。

当初の艦艇は海上保安庁から譲り受けた旧海軍の掃海艇が主力である。米海軍は海上警備隊の訓練用に、二隻のパトロール・フリゲート（PF）と一隻の上陸用支援艇（LSSL）を、五月十二日に貸与した。まだ正式な貸借協定が成立していなかったために、これらの艦は保管の名目で引き渡された。

同年八月一日、新たに保安庁が総理府の外局として創設された。海上警備隊は海上保安庁を離れ、警備隊と名前を変え、やはり保安隊と改称した警察予備隊とともに保安庁に統合される。そしてこの年の十一月に日米間で結ばれた船舶貸借協定に基づき、翌昭和二十八年一月、米海軍は横須賀基地で正式に六隻のPFと四隻のLSSLを警備隊に引き渡す。米国国歌吹奏とともに星条旗が降下され、米海軍乗組員が退船する。代わって警備隊員が乗船、日本国国歌の吹奏のもとに国旗、警備隊旗が掲揚された。PFは基準排水量約一五〇〇トン、LSSLは同約三〇〇トンのささやかな軍艦である。帝国海軍の最盛期、兵力二〇〇万、艦艇五〇〇を数えたのとは比較にもならないが、敗戦から七年、ようやく日本海軍はよみがえった。米国艦艇受領の式典で、野村吉三郎老提督は涙を流したという。

警備隊は昭和二十八年十二月までに、都合一八隻のPFと五〇隻のLSSLを米海軍から貸与された。さらに昭和二十九年六月の防衛庁設置法と自衛隊法の公布にともない、同年七月海上自衛隊として再発足する。したがって平成十一年(一九九九年)が、海上自衛隊発足四十五周年にあたる。

話を少し戻すと、海上警備隊の発足にあたって、まず取り組まねばならない最初の仕事は、その中核となるべき士官を集め養成することであった。海軍再建に携わった旧海軍関係者が中心となって選び、まず三〇人の士官候補が、昭和二十七年の一月、横須賀に集まる。彼らは米海軍基地内の特設講堂で教官としての訓練を受けはじめた。海上警備隊の発足そのものがまだ極秘であったから、彼らのうち一三名は旧海軍の先輩から各々手紙を受け取り、戦後得た職を投げ捨てて全国から集まったのである。この中には後の海上幕僚長、海兵六十期の板谷隆一や海兵六十四期の石田捨雄がいる。板谷海幕長の後任が内田、内田の後任が石田であった。

同年四月、海上警備隊が正式に発足すると、士官の採用活動も本格化した。応募した者の大多数は帝国海軍の元士官であり、彼らは先輩や同期生から採用について知らされ、新海軍参加を決意した。旧海軍関係者の結束は堅く、少し前に発足した警察予備隊とは対照的に、士官の採用は順調であった。七月には二五七名が任官した。その一人が、岡山から出てきた内田であった。

再び海に出たくて海上警備隊へ入ったのに、内田が当初やらされたのは後輩に海軍のイロハを教える教官であった。旧海軍水雷学校の施設（現在、海上自衛隊第二術科学校）で砲術を教えた。海軍再建のためには、まず人が要る。海軍士官としての教育を戦前に受けた内田のような人物は、誕生したばかりの海上警備隊を軌道に乗せるために必要であった。当然彼ら帝国海軍出身の教官は、自分たちが教わり実戦で鍛えたやり方を若い世代に教える。放っておいても、旧海軍のあらゆる伝統とやり方が、新海軍に引き継がれた。今にいたるまで海上自衛隊が三自衛隊のなかで旧軍の伝統をもっともよく残しているのには、このような事情がある。

それに帝国海軍そのものが英国海軍を手本にして作られたものであるから、同じく英国海軍の伝統を継承する米国海軍とも共通点が多かった。アメリカ海軍の指導下に入ったからといって、すべてを一からやり直す必要はなかったのである。

とは言っても、内田の入った海上警備隊は何から何までアメリカ式であった。艦艇も武器もアメリカ製。教科書はアメリカのテキストブックの翻訳。訓練の方法もアメリカ式である。つい数年前までアメリカを敵としてとらえ、アメリカに勝つために全身全霊を捧げていた内田の心中は、複雑であった。確かにレーダーや近接信管など、米海軍の技術と装備はすばらしい。日本の水準とは相当な開きがある。これでは勝てるはずがなかった。アメリカの新しい技術はぜひ取り入れなければならない。しかし日本には日本のやり方がある。貧乏国は貧乏国の兵器システムが持てるはずだ。なにもすべて同じにする必要はない。内田はそう考えた。

戦前戦中、内田は海軍中枢部の軍政に関与していない。海軍再建に力のあった野村吉三郎をはじめとする親英米派の旧海軍指導層とも、直接のつながりがない。だからアメリカとの関係について、それ以上の考えがあるわけではなかった。何もかもアメリカ海軍に依存する敗戦国日本の三等海軍に属する士官として、今に見ておれという悔しさがあるだけである。しかしその悔しさが新海軍再建の熱意とあいまってエネルギーとなり、内田は発足したばかりの海上自衛隊でさまざまな任務を精力的にこなす。当初希望した海にはなかなか出られなかったが、昭和二十九年には戦後初の国産潜水艦建造計画に関わった。また戦後初の国産護衛艦四隻の建造にも参画した。

日本の造船産業振興のためという名目があったからであろう、これらの計画はすんなりと認められた。アメリカさえよいと言えば、何でもできるという雰囲気があったという。こんな程度の軍備で日本の国が護れるかどうかははなはだ疑問だったが、何もない草創期海上自衛隊の中枢部で、内田は充実した日々を送った。

内田にとって大きな転機となったのは、昭和三十七年から約一年間のアメリカ留学である。朝鮮戦争当時極東米海軍参謀副長として日本に約八ヵ月滞在した、アーレイ・バークという提督がいる。当時はまだ少将であった。後に海軍作戦部長となるバークは、日本にいるあいだに野村吉三郎ら旧海軍の指導者と知り合い、友人となった。そして新海軍の誕生にあたって、滞日中だけでなく離日後も親身になって協力した。今でも海上自衛隊生みの親の一人として尊敬されている。

そのバークが、第四代の海上幕僚長となる中山定義海将と親しかった。昭和二十九年、海上自衛隊の上級指揮官、幕僚要員を養成する幹部学校の設立にあたり、バークは初代校長に任命された中山に種々助言を与えたらしい。翌年渡米した中山が海軍作戦部長になっていたバークに要請し、将来の海上自衛隊幹部をロードアイランド州ニューポートにある米国海軍大学へ留学させる制度がその次の年に発足した。世界二十数ヵ国海軍の高級士官が同じ場所で九ヵ月学ぶ。そこへ日本からも毎年一人招待されることになった。

指揮課程と呼ばれるこのプログラムには、後に海幕長となる人が内田を含め合わせて五人送られている。内田は当時人事課長の職にあった。むしろ留学生の人選をする立場である。誰かもう少し若い人を出そうと考え、潜水艦乗り某士官の名前をもって中山海幕長のもとに行くと、おまえ行けと言われた。思わず「私が行くんですか」と聞きなおしたという。

内田はもう四十七歳になっていた。この歳になっていまさら自動車の運転を習い英語を勉強するなんて、できるだろうか。中山さんはどういうつもりで自分を選んだのだろうか。もっと若い人が行くべきではないか。そう思いながらも、戦前に遠洋航海で見た美しい国をもう一度見なおしてくるかという気になった。こうして内田は思わぬ留学の機会を与えられ、緊張しながら日本をあとにした。昭和三十七年四月のことである。

内田自身は意識していなかったが、彼の訪米によって日米海軍間の関係は一層近しいものとなる。そしてその背後では、バーク提督や中山海将といった日米海軍の指導者が、見えない糸を引いていたように思える。

アメリカでの体験

渡米した内田は、最初首都ワシントンの軍調査学校で二ヵ月ほど英語を勉強した。ワシントン滞在中のある日、ポトマック川対岸のアーリントン国立墓地に衛兵の交代式を見学に出かけた。式が終わってから、すぐ近くの硫黄島記念碑を訪れる。太平洋戦争有数の激戦地、硫黄島に上陸した米国海兵隊の兵士たちが、摺鉢山の頂に星条旗を立てた。その瞬間を写した有名な写真をもとに作った銅像である。ここで内田はある発見をする。そしてこの発見は、内田の米国観を変えた。筆者に対する手紙のなかで、内田はそのときの体験を、綴っている。

「私も留学までは、心中反米的で、デモクラシイの偽善ぶりを余すところなく見てやろうと、意気ごんだものでした。ところがアーリントンに硫黄島の像を見て、あのゲッソリと頰の肉を落とした海兵隊の兵士たちの顔にはっとし、それから急に涙が流れてきました。そうか、お前たちも苦しかったのか。そうだったのか。それからすっかり変わりました」

銅像のモデルとなった海兵隊員六人のうち、大部分がその後の戦闘で命を落とした。そうであれば、この像は勝ち誇った者のおごれる姿ではなく、戦いの厳しさ、哀れさを訴えたものかもしれない。内田はそう感じ、かつての敵に初めて大きな共感を覚えた。この心的転回は突然のように見える。しかし初めての外国生活で緊張していた内田の心は、渡米してアメリカの海軍関係者と会い、すでに少しずつほぐれていたのだろう。

暑い夏をワシントンで過ごしたあと、九月に入って内田はニューポートへ移った。そしてオークツリー・ストリートという住宅地にある、一般家庭に下宿する。この家の主人はビュイックの自動車販売店を経営していた。奥さんには戦争中別のいいなずけがいたが、結婚前潜水艦に乗り組んで出撃し、日本近海で行方不明となった。そういう縁があって、日本海軍の関係者を下宿させたのだという。この家庭には内田の前も後も、代々の海上自衛隊留学生が世話になり、自動車とともに申し送るのが習わしであった。

将来の夫を日本との戦争で亡くしたにもかかわらず、夫人は親切で楽しい人であった。夕食は一家と一緒に食堂で摂った。子供たちに自分の英語が伝わって、嬉しかったという。アメリカ人の家族と一緒に生活して、いろいろなことがわかった。日本と違って夫が財産を管理している。アメリカ人も夫婦喧嘩をする。近所とのつきあいも活発であった。社会人としての責任をよく果たす。市民とはこういうものかと思った。

ニューイングランドの秋は美しい。ハロウィーン、感謝祭、クリスマスとアメリカらしい経験をし、翌年の春までの九ヵ月、まことによくしてもらって、少しもホームシックにかからなかった。戦争で心の傷を負ったこの夫人とその家庭は、内田のアメリカ原体験を形づくっているように見える。ちなみにビュイックのカーディーラーである夫は、日本車との競争に負けて破産し、店をたたみ、病死した。夫人は日本に二度夫を奪われる形となったが、恨みがましいことを一度も言わず、三度目の結婚をして今はサンディエゴに住んでいるという。

海軍大学の指揮課程でも、内田はアメリカ海軍関係者から温かく遇された。米海軍にも、まだ先の大戦の生き残りが大勢いた。彼らは内田の所へやってきて、日本は本当によく戦ったと誉めた。別にお世辞で言うのではない。その言葉には真摯な敬意がこもっていた。ニューポートにはオランダ、ポルトガル、ヴェトナム、中華民国など、各国の海軍から人が来ており、内田は彼らとも親しくつきあったが、米海軍関係者の日本海軍に対する尊敬は格別であった。実際技術面でアメリカから学ぶべきものは多かったが、戦略戦術面では日米同等との感想を内田はもった。授業でも、米海軍の教官が決まって内田の考えを聞くのである。

内田は考えた。この敬意は何に由来しているのだろうか。あれだけ死力を尽くして戦ったからこそ、尊敬が生まれ、友情が生まれたのではないか。戦争はおそろしい。戦争などないほうがよい。しかし人間はいくら理屈で言ってもわからないことがある。太平洋をはさんで戦ったために、初めて日米海軍の間に真の友情と信頼が生まれたのであれば、戦死した多くの仲間たちも以て冥すべきではないか。日米海軍が戦わなければ、戦後両海軍の間に緊密な関係は生まれなかったかもしれない。内田はミッドウェー海戦の時に、落とされても落とされてもわが機動部隊めがけて突っ込んできた米海軍の勇敢な雷撃機乗りを思い出した。

留学から帰った内田は、その後昭和四十四年（一九六九年）、海上自衛隊の最高指揮官である海上幕僚長に昇進した。この職を三年弱務めたあと、昭和四十七年に退役する。海上自衛隊での最後の十年間、内田は与えられた任務を黙々と果たした。しかしアメリカでの厚遇と比して、日本で海上自衛隊幹部が尊敬を受けることは少なかった。国防に関する海上自衛隊制服組の考え方は、なかなか理解されない。日本政府は国の防衛について真剣に考えていない。ソ連の脅威について認識が足りない。シビリアンコントロールがなっていない。我々の話が本当に通じるのは、海の上でともに訓練に励むアメリカ海軍だけだ。航空自衛隊や陸上自衛隊よりも、むしろ話が通じる。
「ネイヴィーは不思議なものです。そこにはもっとも洗練された国際的に通じる文化がある。飾らずとも交わっていける共通の教養をもっている。マナーからすべて、おまえネイヴィーか、ああそうかとなる。互いにわかりあえる。遠慮がいらない。海が影響しているのはまちがいないと思います。海というのは、嘘を言ってもはじまらないのだから。嵐がくると、同じ方法で危難を避けねばならない。大自然を相手にし共通の流儀をもった集団同士、仲間としての意識がある。ネイヴィー同士、時には同胞よりも話がしやすい。

情が移るというのですかねえ、わが先輩がぶつかっていって負けた国の海軍、それと仲良くすることによって、わが先輩の意志に沿うているんじゃないか。最大の敵と最大の仲良しになるのを、先輩に見せてやろうじゃないか。そういう気持ちがありましたねえ」

話が通じやすいネイヴィー同士がさらに親しくなり、いざというときともに働くためには、もっともっと人的交流を活発にせねばならない。留学から帰ってから今に至るまで、内田はそう信じてきた。海上自衛隊が世界で名誉ある地位を占めるためには、同じ海軍同士の友情を築くのが早道だとの計算もあったろう。海幕長時代、各国の海軍と人の交流につとめた。東南アジア各国の海軍ともつきあいができたし、同盟国アメリカの海軍とのつながりは特に大切にした。

戦後日本海軍の誕生について研究をするため日本へやってきたアワーが巡りあったのは、このような信念をもつ海上自衛隊の最高指揮官であった。内田の眼には、この若いアメリカ海軍少佐が、十年前ニューポートへ向かった自分の姿と重なって映ったに違いない。アワーは内田に日本海軍最良の伝統を見いだし、魅了された。彼は内田が戦前戦後を通じ、もっともすぐれた日本海軍指導者の一人だと考えている。そして内田はアワーに、日本では得ることの難しい、海上自衛隊のよき理解者と語り部を見いだした。戦前から現在にいたるまで連綿と続く日米海軍の交流の糸が、アワーと内田という接点を通じて、より太くなったのである。

内田が退役してから、すでに三十年近い月日が流れた。海上自衛隊から旧海軍関係者が姿を消してからも、もう十年以上経つ。現在海上自衛隊の指導者はすべて戦後生まれ、防衛大学校ならびに一般大学の出身者である。海上自衛隊は海上警備隊の発足から数えればほぼ五十年の長きにわたり、実際の戦争でその実力を発揮せずにいる。装備、士気、練度、そのどれをとっても、現在の海上自衛隊は各国のネイヴィーにひけをとらない実力を有するが、国民はあまりそのことを意識しない。

帝国海軍の提督たちは、国の存亡をかけて三度海で戦い、英雄となった。東郷平八郎、山本五十六といった名前は、現在の若者ですら知っている。それに比べ、海上自衛隊指導者の名前など誰も知らない。内田がいかに傑出した指導者であっても、彼が海上自衛隊の最高司令官として何をしたか知る人は少ない。

しかし、内田をはじめとする海上自衛隊の指導者たちは、華々しいいくさを戦わず国民から理解を得られなくとも、くさらずに訓練に励んできた。米国との同盟関係を最前線で堅持し、海軍の伝統を今日の海上自衛隊に引き継いだ。それこそが彼らの最大の功績である。

内田は折に触れて綴った自らの随筆の一つで、軍人の日々の営みを芝居のリハーサルにたとえている。

「軍人にとっては、毎日の生活がすべてリハーサルであるといってよいと思う。訓練、躾《しつけ》、訓育、演習、検閲、すべて有事にそなえてのリハーサルである。

ただ、このリハーサルはいかにしつらえても、本番とは決定的に違っている。第一、弾がとんで来ない。相手も、武器も、場所も、そして味方もそのつど違ってくるはずである。（中略）リハーサルをどんなにしんけんにやってみても、それで本番での勝利が約束されるわけではない。

――この点、芝居の場合と全く異なっている」

いくら訓練を重ねても、本番では常に予測できない事態が起こる。そうであれば訓練は役に立たないかもしれない。しかし本番に最良の状態で臨むには、ひたすら訓練に励むしか他に途がない。本番がいつかはわからず、自分たちの出番は明日来るかもしれないし、結局来ないかもしれない。むしろ来ないほうが国民にとってはよい。軍人の任務とは、また自衛隊員の任務とは、まことに難しいものだと思う。

私が話を聞く間、内田は自分の功績を誇るようなことがなかった。話はすこぶる淡々としていた。ただ海軍と海上自衛隊に対する深い愛情が、隅々から感じられた。内田と別れ、水交会の建物を後にして原宿の駅に向かう途中、戦後の日本を築いたのは、決してソニーやホンダを世界的な企業として育て脚光を浴びた経済人だけではないと思った。

III　海上幕僚長中村悌次

二人の悌ちゃん

ジェームズ・アワーは、横須賀を母港とする米海軍のミサイル駆逐艦「パーソンズ」に副長として乗り組んでいた七〇年代なかばに、横須賀米海軍基地内のアメリカン・スクールで教えていたジュディーという女性と知り合い、一九七六年に結婚した。夫妻には子供が生まれなかったので、八〇年代に入ってから三人の子供を養子に迎える。一番上の悌一郎は日本人で一九八三年生まれ。二番目のヘレンは韓国人で八四年生まれ。三番目のジョン・エドは白人で八五年生まれ。数年前アワー一家が住むナッシュヴィル郊外の家を訪れたときには、まだ三人とも小学生だった。家のなかで広い庭で、元気よく走り回って遊んでいる。ときどき兄弟喧嘩が起こると、「おかあさん、おかあさん、お兄ちゃんがねえ」と、英語で訴える声が聞こえる。両親の愛情に包まれてのびのびと育つ様子は、普通のアメリカ人兄弟姉妹と少しも変わらない。

しかし肌の色が異なることは子供でもわかる。ある時、ジョン・エドがアワーに尋ねたそうだ。

「ねえお父さん、ぼくはヘレンの歳になったら韓国人、テイの歳になったら日本人になるの」

悌一郎、愛称テイも、自分が日本人であることを早くから意識してきた。湾岸戦争のあと海上自衛隊の掃海艇がペルシャ湾に出動したとき、アワーに言われてテイちゃんは毎晩ベッドに入る前、こうお祈りした。

「神様、湾岸に派遣された海上自衛隊の将兵をお守りください、どうかみな無事に日本へ帰れますように、アーメン」

テイは、しばらく帝国海軍航空機のプラモデルに凝っていた。父親が日本に出張するたび、零戦、雷電、一式陸攻、二式大艇などの模型を買って帰るようせがむ。アワーが日本から自宅へ電話をかけるとテイは、頼んだ機種を買い求めたか、いつ模型を持って我が家に帰るかとうるさい。

先述のとおり悌一郎の名前は、アワーが尊敬してやまない二人の海上自衛隊指導者、すなわち中村悌次と内田一臣の名前から一字ずつもらってつけた。二人の提督は、悌一郎が正式にアワー夫妻の養子となったとき、上智大学での洗礼に立ち合っている。テイにとって両提督は、日本のお祖父さんのような存在である。

一九九四年六月、十一歳のとき、テイはアワーに連れられて生誕以来初めて日本を訪れた。アワー父子を歓迎する特別な淡々会が催され、テイは二人の提督と初めて会った。父親に促され、テイは多少緊張しながらおずおずと内田と中村に近づき、言葉を交わした。アワーから予備知識を得ていたのだろう。内田が戦艦「大和」に乗り組んでいたこと、中村が魚雷を発射して敵艦を沈めたことを知っていて、「『大和』は大きかったですか」「魚雷を当てたときはどんな気持ちでしたか」などと、子供らしい質問をした。内田と中村は目を細め、英語でゆっくり答えた。

戦後日本海軍成立過程の研究をするため日本へやってきた一九七〇年、当時海上幕僚長を務めていた内田にアワーが初めて対面したことは既に述べた。内田は海上自衛隊制服組の長として、また個人的にも、アワーの研究を援助した。日本にやってきてほどなく内田から面会を許されたとき、アワーはある海上自衛隊関係者から、あなたはとても運がいいと言われたそうだ。「内田さんは知性の人だから、あなたの研究の重要性をすぐにわかって、援助を惜しまないだろう。他の人ではそうはいかない」

この人物が予言したとおり、内田はアワーの研究に協力を惜しまなかった。内田の鶴の一声で、他の海上自衛隊関係者から全面的な協力が得られた。もし内田がいなかったら、アワーの研究は完成しなかった。日米安全保障問題専門家としての今日はなかったかもしれない。アワーは内田に恩義を感じ、息子の名前に内田の名から一字をもらった。

テイちゃんが名前をもらったもう一人の提督、中村悌次にアワーが初めて会ったのも、海上自衛隊の調査研究をするため日本に滞在していた一九七〇年（昭和四十五年）のことである。当時中村は、統合幕僚会議第五室長の職にあった。アワーはまだ中村がどんな人か、ほとんど知らない。海上自衛隊の誕生に直接関与していない中村は、研究にとってさほど重要な人物ではなかった。最初に会う約束をもらった時は、真珠湾攻撃の立役者として名高い源田実との面会が急に入り、キャンセルしたほどである。

アワーが中村との約束を反古にして源田と会ったのを知った『朝日新聞』の記者田岡俊次は、「君、中村さんには是非会わなきゃいけない」と、その場で電話をかけてくれた。そして改めて時間を取ってもらい会ったのだが、その際何を話し何を質問したか、アワーは覚えていない。研究の参考になるような話はなかったらしい。中村は無駄口をたたかない人である。自分の知らないことについては、推測でものを言わない。初めてアワーに会ったときも、おそらくそんな風であっただろう。

博士論文を完成させたアワーは、その後在日米海軍司令官政治顧問として引き続き日本にとどまり、米海軍きっての日本通として活躍する。アワーの新しい任務は、米海軍にとって重要な問題について日本政府要人の本音を探ることである。博士論文を書くために日本の関係者に会う手法が、そのままこの新しい仕事に役立った。持ち前の積極性と新しい肩書きによって、たいていの人と会うことができた。航空母艦「ミッドウェー」の横須賀寄港問題について、ジュリアン・

バーク在日米海軍司令官と当時の衆議院議長船田中を引き会わせたり、米海軍基地に化学兵器が置かれているのではと騒がれたとき、民社党の代議士曾祢益《そねえき》と会ったのも、このころである。

アワーは毎週米国大使館の政治部で開かれるミーティングに出席して、国務省の役人とも意見を交換した。この会合で、のちの駐日大使マイケル・アマコストと知り合う機会を得る。一九七一年夏といえば、キッシンジャー大統領補佐官の電撃的中国訪問と翌春のニクソン訪中が発表され、いわゆるニクソンショックが日本を震撼させた時である。情報が与えられないままに置かれた日本では、同盟国アメリカへの不信が表明された。一方アメリカはなかなかインドシナ紛争から足を抜けず、日本の左翼陣営は反米反戦運動を積極的に展開していた。連合赤軍の浅間山荘事件が起こったのは、翌七二年二月である。世情は騒然とし、日米同盟関係の維持にひときわ骨の折れる時代であった。三十歳になったばかりの海軍少佐にとって、大いにやりがいのある仕事であったに違いない。

アワーが中村と親しく交流するようになり、中村の人物と識見を無条件に尊敬するようになったのは、在日米海軍司令官の政治顧問として働いたこのころである。この時代、アワーは前にもまして海上自衛隊の制服組との交流に力を注いだ。海上幕僚監部で防衛部長を務め、次に護衛艦隊司令官という、海上自衛隊最大最強の実戦部隊の長となった中村は、アワーの重要なコンタクト先の一つとなった。最初会ったときそれほど強い印象を受けなかった中村だが、会合の回数を重ねるにしたがって、ただならぬ人だとの印象をもつようになる。

米海軍横須賀基地と観音崎の間にある護衛艦隊司令官の官舎に、アワーは中村をたびたび訪れた。そして日米海軍がともに果たすべき役割について語り合った。ときには米海軍の意向をそれとなく中村に知らせ、中村がそれを当時の海上幕僚長石田捨雄に伝えた。また海上自衛隊制服組の意向を、中村がアワーを通じて米海軍に伝えたこともある。

アワーは別に用がなくても、中村のもとを訪れた。中村の時局を見る目は、いつも的確で狂いがなかった。日本の政治や経済について理解したければ、中村の意見を聞いていれば間違わなかった。そしてなによりも、アワーは中村の人柄のすがすがしさに惹かれた。中村の謦咳《けいがい》に接しているだけで、居住まいを正さねばという気持ちになった。

アワーと中村のつきあいは、七三年八月にアワーが横須賀基地を母港とする第七艦隊所属のミサイル駆逐艦「パーソンズ」の副長に任じられてからも続いた。その後アワーは、鎌倉イエズス会の日本語学校で七五年九月から七六年十二月まで日本語の勉強をし、七七年の一月から十二月までの一年間、海上自衛隊幹部学校に留学する。この学校が初めて受け入れた米国海軍からの留学生であった。同校は将来各部隊の司令官となりアドミラルとなる、佐官クラスの幹部士官を教育する機関である。この時期は、中村が自衛艦隊司令官(護衛艦隊、航空集団、潜水艦隊を統括する)を経て海上幕僚長の地位にあった期間と、ほぼ重なっている。アワーはさらに七八年一月から七九年の一月まで、横須賀基地所属のフリゲート艦「フランシス・ハモンド」の艦長を務めた。そしてますます多くの日本海軍関係者の知己を得、交流を深めたのだが、特に中村との交際は、中村が退官したあとも絶えることなく続いた。

アワーは中村と知り合えたのを、生涯の幸せと感じている。アワーにとって中村は、縁あって深いつきあいのできた海上自衛隊という組織、日本という国家、日本人という民族、そのすべてのもっともよき面を体現しているようなのである。そんな価値はないからと極力辞退する本人を何とか説得して、アワーが息子の名前に中村の名前から一字をもらったのは、このような事情による。

海上幕僚長中村悌次

中村悌次を尊敬するのは、アワーだけではない。海上自衛隊の内外で中村に接した人々は、一様に中村を敬愛している。アメリカ海軍にも中村のファンは多い。アワーがミサイル駆逐艦「パーソンズ」の副長を務めていた時期、彼の招きで中村が来艦し、乗り組みの士官一同に講話をしたことがある。中村が退艦したあと、その人格と理路整然とした話に感銘を受けた士官たちが、アワーと艦長のドウス大佐に、なぜ米海軍にはあのような立派な提督がいないのかと尋ねた。いや中村提督のような人は海上自衛隊でも極めて稀なのだと、艦長と副長が一緒になって弁明につとめたそうだ。この話をしてくれたアワーの親友で日米関係コンサルタントの木村英雄は、平素は猥談ばかりしている人物だが、中村の話になると急にかしこまる。アワーを通じて中村を知った木村は、この人の前へ出ると今でも少なからず緊張して居住まいを正す。

「なあ、おまえ、偉い人には二種類あってなあ」

と木村は私に言う。

「努力すればこのくらい偉くなれるかもしれないと思わせてくれる人と、どう努力してもとてもかなわないと思う人と。中村さんは後者だぜ」

木村の父親は、三浦半島で事業を営む実業家であった。生前なにかの機会で中村に会い、一言こう言ったそうだ。

「あの人は、山梨勝之進大将みたいな人だなあ」

木村の父は、戦後まもなく山梨海軍大将に会う機会があった。自分の後輩が三浦半島で事業を始めるにあたって、山梨が観音崎の近くにある木村邸までわざわざ挨拶にきて、頭を下げた。

「学習院の院長を務め皇太子の教育にあたったあの偉い大将が、このおれに深々とお辞儀をするんだ。一つも威張ったところ、卑屈なところがない。実に立派だ」

と、木村の父は非常に感心し、長くその話をしたそうである。中村に一目会って山梨勝之進に似ていると思わせたのは、後述するように中村が山梨を大変尊敬しているだけに、興味深い。

当時木村は、父親の紹介で、地元選出の国会議員曾祢益の秘書として働いていた。アワーと曾祢の会合をお膳立てしたのは、木村である。戦前の外務官僚で民社党の書記長であった曾祢も、中村を尊敬する一人であった。中村が海上幕僚長を退いたとき、このままではもったいない、外務省の顧問にしてその見識と経験を生かそうという話があった。それを聞いた曾祢が、思いがけなく異議を唱えた。

「中村さんを使うのはいいが、万が一日本が戦争に巻き込まれたときに、中村さん以外、日本艦隊の指揮官は考えられない。それでもいいのか。中村さんを中途半端に使うのは反対だ」

周囲がそれもそうだと考え直し、外務省の話は沙汰止みになったという。幸い、海上自衛隊が他国の侵略を防ぐような事態は起こらず、したがって中村の出番はなく、提督は今日まで平和な引退生活を送っている。

中村が海上自衛隊制服組の最高位である第十一代海上幕僚長に就任したのは、昭和五十一年（一九七六年）三月である。翌昭和五十二年九月、次の大賀良平と交替するまで一年半、比較的短い在任であった。もっと長くやって欲しいとの声はあったのだが、後輩に道を譲って勇退した。

もっとも本人は海幕長になると思っていなかったし、乗り気でもなかった。自分はなるべく現場で働きたい。中央で軍政をやるのはいやだ。しぶる中村を周囲が無理やり説得して、海上自衛隊の最高指揮官に就かせた。

だから辞めるときもさばさばしていた。他の多くの将官とは異なり、防衛庁と関係の深い民間企業への再就職をしなかった。自分が取引先の企業に籍を置くことで、後輩に迷惑をかけてはいけないと思ったらしい。海上幕僚長まで上り詰めていわゆる天下りをしなかったのは、私の知るかぎり中村と内田だけである。

なりたくなかった海幕長だったが、いったん就任すると中村は極めて熱心にその職責を果たした。今から二十年前の海上自衛隊は、まだまだ装備において米海軍に劣っていた。そもそも憲法上政治上予算上の制約により、一人前の海軍に必要な艦艇、航空機、その他武器装備を十分保有させてもらえない。あれもないこれもないなかで、中村は海上自衛隊のできることは何かを常に考え、与えられた状況下でベストを尽くした。装備は貧弱でも、士気や練度においては一流のレディーフォース（有事即応兵力）たらんと努力した。

この頃の中村を一番よく知っているのは、おそらく海幕長時代先任副官をつとめた冨田成昭元海将である。彼は中村が自衛艦隊司令官であったときの幕僚も務めている。その冨田によれば、指揮官としての中村は厳しくてこわい存在であった。論理的思考、つまり思考の過程を重んじ、根拠のない考えを嫌った。毎年実施している同じような演習でも、計画立案をゆるがせにしなかった。部下が以前に実施した同種の訓練を安易に模倣して計画を作成提出すると、その思考過程について詳細な説明を求め、部下をしどろもどろにさせた。だから中村の前で報告をするとき、幕僚は非常に緊張した。

部下に厳しい中村は、自分にも厳しかった。海幕長は多くの行事で講話をしなければならない。その原稿書きを、中村は全部自分でやった。それも新聞の折り込み広告の裏にびっしり草稿を書くのである。書き終わった原稿はいったん机の引き出しにしまい、数日後に取り出してまた推敲を重ねる。来客が絶えず慌ただしい日中の仕事が終わったあと、部屋の灯りを消し、スタンドの光だけで机に向かう中村の姿を、幕僚たちは何度も見ている。

中村は、精鋭なる海軍は秀才の軍政家だけでは成立しない、各分野の専門家が大切だと考えていた。航空機、掃海、水雷など、海軍の言葉を使えば術科の専門家がいなければ、本当のネイヴィーとはいえない。そう考えて、幹部学校で指揮幕僚過程に加え専攻過程を設立した。目立たぬ分野での功績を適正に評価しなければと、専門家の登用を心がけた。

海上幕僚長は観艦式、幹部候補生学校卒業式、海上自衛隊創立記念日、司令官交替式、艦艇の受領式など、海上自衛隊のあらゆる式典で部隊を観閲し訓示を与える、ある意味では華々しい役回りである。そうした公式行事をこなしているだけで、忙しい。しかし中村は派手な式典や社交をあまり好まなかった。むしろ任期中時間が許す限り、平素海幕長などめったに訪れない、僻地の海上自衛隊基地を訪問し激励して回った。

「『一隅を照らすもの、これ国の宝なり』という仏教の言葉がありますねえ。中村さんは、僻地で与えられた任務に黙々と励む隊員の苦労を、いつも考えておられたようです」と、冨田は言う。北は稚内《わっかない》、余市、函館、竜飛崎《たっぴざき》、南は硫黄島、沖縄、鬼界島、奄美大島など、なかには海上自衛隊内部の者でも基地があるのを知らないような所へ出かけていく。それも北の基地には寒い冬、南の基地には暑い夏、自然状況の厳しいときに副官一人連れて出向くのである。

一度冨田が供をしたときは、夕刻厚木基地から岩国基地へ飛び、一泊。翌日早朝飛行艇PS－1に乗りかえ東シナ海での訓練状況を視察したあと、奄美大島の古仁屋沖に着水、奄美基地分遣隊を訪れた。そのあと長崎県の大村基地へ飛び、佐世保で一泊。翌日はヘリコプターに乗り込んで壱岐へ飛び、空中でホバリングするヘリからロープを伝って地上に降り立ち、壱岐警備所を訪問。再びヘリコプターで対馬防備隊、六連島《むつれじま》、次いで山口県の下関基地隊を視察。その後小月基地に立ち寄り、鹿児島県鹿屋基地へ飛んで一泊。翌日厚木へ帰ってきた。これだけの行程を三泊四日でこなした。海幕長に無茶をさせるな、副官気が利かないと、冨田は佐世保総監部の防衛部長に怒られたそうだ。海幕長を迎えた各基地の隊員は、緊張もしただろうし、また同時にヘリコプターからぶらさがってでも自分たちの基地にやってくる、この風変わりなお偉方の行動に、尋常ならざる熱意を感じたに違いあるまい。

何事にも理詰めな中村は、海上自衛隊にとって米海軍との協力関係が何よりも大事なことを重々理解していて、そのために心を砕いた。日本のまわりにはアメリカ、ソ連、中国という大国がある。一人前の海軍をもてない以上、単独ではどの国とも太刀打ちできない。日本の安全を確保するためには、このうちのどこかと組まねばならない。日本は戦前に大陸と組んでことごとく失敗した。結局政治的にも経済的にも、アメリカと結ばざるを得ない。アメリカを敵に回せば、日本はやっていけない。日米安全保障条約がすべての基本となる。日本とアメリカは、どちらも海洋国家である。民主主義体制のもと、太平洋の平和を守ることに共通の利益を有する。海上自衛隊は、西太平洋で米海軍の足りないところを補うことができるし、そのための能力をもつ必要がある。中村はそう考えた。

しかし中村が自衛艦隊司令官、海上幕僚長を務めた七〇年代半ば、米海軍はまだ海上自衛隊の力をそれほど評価しなかったし、期待してもいなかった。米海軍の一部には、海上自衛隊を見下す輩もいたようである。中村が自衛艦隊司令官を務めたとき、幕僚の一人が米海軍関係者に、「海上自衛隊はトレーニング・フォースであって実力部隊ではない」と言われ、悔しがって帰って来たことがある。米海軍からみれば、いざというとき海上自衛隊が頼りになるかどうか、にわかには信じられないというのが本音であったろう。

かつて米海軍を敵として戦った帝国海軍軍人は、これではいけないと考え、日米海軍間の信頼関係構築をはかった。日米の艦艇間にシスターシップの制度を設け、若い士官や兵の交流を奨めたし、洋上でのより実質的な共同訓練に励んだ。まだまだ力不足の海上自衛隊ではあったが、米海軍とのプロフェッショナルな関係をめざしたのである。中村はのちに海上幕僚長となる吉田學や長田博などを米海軍の第七艦隊司令官S・ロバート・フォーリー提督に紹介するなど、自分に続く世代の日米海軍指導者間のつながりをも考えた。フォーリーはやがて太平洋艦隊司令長官となり、海幕長になった吉田に対し、リムパックへの海上自衛隊参加を持ちかける。

ヴェトナム戦争が終結し、中村が海幕長を退いたころから、米国は次第にアジア諸国の防衛自助努力を強調するようになる。そして極東における安全保障維持のため、海上自衛隊にも一層の協力を求めだした。海上自衛隊自身も、米海軍の期待に応えられるだけの実力を貯えはじめる。日米海軍の協力体制は、八〇年代になってリムパックやシーレーン防衛などの形で花開く結果となる。その十年前、中村は将来海上自衛隊が米海軍とともにより積極的役割を果たせるよう、準備と訓練を怠らなかった。吉田學は、自身が海幕長を務めた八〇年代初頭の緊密かつ広範な日米海軍の協力関係は、中村によって種が播かれたのだと信じている。吉田をはじめ、中村のあとを務めた歴代の海幕長は、事あるごとに今でも中村のもとを訪れ、その考えを聞いているのである。

海軍軍人中村悌次

派手なことが嫌い、社交が嫌い。金銭的にはきわめて清潔である。名誉にはまるで頓着せず、自分の手柄めいたことは口が裂けても言わない。概して無口で、酒はあまり飲まず、浮いた噂もない。問われれば喜んで自分の意見を言うが、説教はしない。人に小言を言うよりは、むしろ自分が率先してやる。ある意味で中村は修身の教科書に出てくるような人物である。人とのつきあいはあまり器用でない。上にも下にも、世辞は言わないし言えない。それほど背が高いわけではないが、姿勢がよく、大きく見える。

こういった性格の中村は、知らない人にはやや近寄りがたい印象を与えるかもしれない。しかし中村本人は自分が堅苦しい人間だなどと、少しも思っていない。現に自衛艦隊司令官時代、年の暮れ御用納めのときは、中村を中心に幹部、海曹士、事務官、皆ひとつになって和気靄々、非常に楽しい雰囲気であったという。代々中村に仕えた副官たちが、今でも年に一度中村を中心に集まって、往時を思い出しながら楽しんでいる。そこでも中村はにこにこと機嫌がいいらしい。若い人と話をするのを好み、意見をよく聞き、また自分の意見も言う。中村はいたって自然なのである。無理になにかをするでもなし、また求めるでもなし。頼まれればどこへでも出ていくが、そうでなければ出しゃばらず、ものを言わない。現役時代も退役した今も、中村の態度は変わらない。

こうした人柄の中村を文章で描くのは、難しい。取り立てておもしろい逸話があるわけではない。会って話を聞いても、自分のことを語らないから、物語にならない。「あの時おれはこう考えてこうやって、うまくいったんだ」などという話は、一切ないのである。

「中村さんは海上自衛隊の将官で唯一、海軍兵学校を一番で出られたそうですね」

と私が水を向けても、返事は、

「ええ、まあそういうことになっていますが」

の一言だけであった。東京帝大、京都帝大とならび、戦前の俊英が集まった海軍兵学校を首席で出るのは、並大抵の成績ではない。しかしそのことについて、中村から自慢話めいたものを聞いたものは誰一人としていない。

自分のことを語らない中村悌次という人物について知るには、彼が尊敬する三人の海軍軍人について当たってみるのがよいだろう。冨田や木村など、何人かの人がそう教えてくれた。

その第一は中村が戦争中乗り組んだ駆逐艦「夕立」の艦長吉川潔中佐。第二は戦前の海軍次官山梨勝之進大将。そして第三は海上自衛隊生みの親の一人アーレイ・バーク米海軍大将である。

京都で生まれ三重県津の中学を出た中村は、昭和十一年(一九三六年)に海軍兵学校へ入り、十四年七月に卒業。兵学校六十七期である。遠洋航海は米国西海岸まで行く予定だったが、ハワイまで行って引き返した。ドイツ軍のポーランド侵攻によって第二次世界大戦が勃発し、西海岸行きは中止になったのである。日米関係は次第に緊張を増しており、結局この航海が帝国海軍最後の遠洋航海となった。ハワイではホノルルやヒロの日系人に歓待されたが、米海軍は分列行進を見せてくれた程度の歓迎にとどまった。

中村はアメリカに対し満々たる闘志を抱いていた。軍縮問題、日系移民排斥問題など、積年の恨みを晴らすべき不倶戴天の敵と考えた。パールハーバーの沖を通るとき、教官からよく見ておけと言われ、懸命に目をこらしたのを覚えている。無論、湾の外から米国太平洋艦隊の艦艇は見えなかった。

第二艦隊旗艦「高雄」乗り組みを経て、中村が駆逐艦「夕立」に配属されたのは、昭和十六年八月である。そのまま開戦を迎え、十七年十一月三日第三次ソロモン海戦で艦を沈められ、僚艦「五月雨《さみだれ》」に乗り移るまで、一年三ヵ月ほどこの駆逐艦で水雷長を務めた。その後第一艦隊旗艦「長門」乗り組み、海軍兵学校教官、本土決戦突撃隊特攻長を歴任して敗戦を迎えるが、「夕立」での実戦経験は中村の三十年に及ぶ海軍と海上自衛隊での生活のなかで、もっとも厳しくかつ充実した日々であったように思われる。そして十七年五月以降、この「夕立」の艦長であったのが、吉川潔中佐である。

魚雷発射

石渡幸二の作品「不滅の駆逐艦長吉川潔」によれば、吉川中佐は明治三十三年（一九〇〇年）広島市に生まれた。身長と胸囲が足らず一度不合格となったあと、大正八年二度目の挑戦で海軍兵学校に合格し、大正十二年（一九二三年）に卒業した。兵学校の成績は下の方で、そのため卒業後ずっと地味な駆逐艦乗りとして過ごす。駆逐艦が常に大艦の先導を務めることから、その艦長は俗に「車引き」と呼ばれて軽蔑された。吉川中佐は軍令部や海軍省、連合艦隊司令部など、海軍の中枢部とはまるで無縁な指揮官であった。

この目立たない中堅士官が、実際の戦場では際立った働きを見せる。まず昭和十七年(一九四二年)二月のバリ島沖海戦では、駆逐艦「大潮」艦長として、僚艦「朝潮」とともにオランダ駆逐艦「ピートハイン」を撃沈し、さらにオランダ巡洋艦「トロンプ」を中破、米駆逐艦「スチュワート」を小破せしめた。同年五月駆逐艦「夕立」艦長に転じ、八月米軍がガダルカナル島に上陸すると、一八〇回にわたってショートランド島からガ島への物資兵員輸送に従事する。その間巧みな操艦によって、度重なる米軍機の攻撃にもかかわらず、掠《かす》り傷ひとつ負わなかった。

九月四日には陸兵を揚陸したあと、帰路敵飛行場を砲撃し、たまたま遭遇した米高速輸送艦「グレゴリー」と「リトル」を沈めた。十月二十五日には、敵航空機の度重なる攻撃を受け火災が発生、弾薬の誘爆が始まった巡洋艦「由良」の艦尾に、大胆かつ沈着な横付けを強行、乗員五五〇名中三〇一名を救出する。

「夕立」がもっとも目覚ましい働きを示したのは、第三次ソロモン海戦である。敵飛行場を砲撃し制空権を奪い返して、再度の陸軍部隊ガダルカナル島上陸を支援するため、戦艦「比叡」「霧島」以下の艦艇は、十一月十二日、挺身攻撃隊を編成してガ島へ向かった。その先頭を切って航行していた「夕立」は、二十三時四十二分、敵巡洋艦駆逐艦七隻以上を発見、全軍に急報する。一分後「比叡」も敵を発見、二十三時五十一分、照射砲撃が開始された。一方「夕立」と僚艦「春雨」は、敵艦隊前方を東方に横切る。衝突を避けようとした米艦隊は、隊形が乱れ混乱に陥った。「夕立」は二十三時四十八分ごろ取舵に反転、単独で敵の隊列に突入、二十三時五十五分距離一五〇〇メートルから魚雷八本を発射、そのうち二本を敵巡洋艦「アトランタ」に命中させ、航行不能に陥らせる。

その後三十分にわたり敵艦群の真っ只中にあって至近距離から猛烈な砲撃を行ない、敵の巡洋艦駆逐艦数隻に大損害を与える。明けて二十五日零時十五分いったん砲撃を中止し、敵艦群から離脱するが、その直後おそらく味方の巡洋艦からと思われる照射砲撃を受け、機関室、艦橋などに命中、火災が発生し航行不能となる。一時五十五分駆逐艦「五月雨」が横付けし、二時二十五分艦長が総員退去を決定、艦長を最後に二〇七名が「五月雨」に移乗する。戦死者は機関長以下二六名であった。「五月雨」は「夕立」を魚雷と砲撃で沈めようとするが、沈没を確認できぬまま現場を去る。「夕立」は翌朝、米艦「ポートランド」の砲撃によって沈む。

この海戦で八本の魚雷を発射したのが、若き日の中村海軍中尉であった。戦後「夕立」の乗組員が集まって、『駆逐艦夕立』という非売品の記念文集を作り、この駆逐艦が就航してから沈没するまでの克明な記録を残している。同書編纂の作業は、中村が中心になって行なったということとだが、素人の作った本にしては誤植がまったく見当たらず、いかにも中村の仕事という感じの出来栄えである。そのなかで中村自身、第三次ソロモン海戦での経験を記している。

「艦長の『取舵一杯、発射始め』を承けて『発射始め』を下令、野村射手の『用意、テー』を聞いて旗甲板に走り魚雷が次々と出ていくのを確認、(中略)首に下げた双眼鏡で魚雷命中はどうかと必死に敵をにらむ。敵の一、二番艦の艦首は互いにほとんど重なって長い一隻の艦のようになったが、まだ何も変化がない。まだか、まだか、当たらなかったか、と思った瞬間、大火柱が続いて二つ以上上がった。命中だ。もう何も思い残すことはない。ほっとした瞬間、彼我の発砲閃光が目に入ってきた」

中村はその後次の魚雷装塡に全力を傾け、準備ができた時点で砲撃を受け意識を失う。

「どの位ひっくり返っていたことであろうか。ふと気がつく。手を動かしてみる、動く。足も動く。立ち上がれる。負傷はしているようだがたいしたことはない」

こうして中村は大きな手柄をたてたあと命拾いをし、生き長らえた。

中村は自分の手柄について何も語らないが、若い海軍中尉にとってこの海戦は、壮烈なる記憶として残ったに違いあるまい。

しかし戦後の中村は、自らの経験そのものよりも、むしろ吉川潔艦長の指揮官としての統率ぶり、戦いぶりを、心に深く思ってきたようである。自らが吉川中佐の立場に置かれたとき、あれだけ見事な働きができるかどうか、指揮官になった中村は常に考えていたのではないかと、冨田は言う。『駆逐艦夕立』のなかで、中村は次のように述べる。

「時はすべてを美化するという。それにしても一年余の『夕立』勤務は、すべて懐かしい思い出であり、その後の私にとって掛け替えのない貴重な指針となった。（中略）吉川艦長が戦闘に当たりもっとも勇敢であったことは言うまでもない。しかもそれだけではなかった。常に冷静沈着、戦機を看破し、たとえ身を犠牲にしても大局から見て友軍全体の作戦に寄与するよういつも配慮された。九月四日の戦闘や第三次ソロモン海戦における行動はその適例である。

艦長の任務に対する心構えは真剣かつ深刻であった。少ない兵力で無理な作戦も強行せざるを得ない上級司令部の立場とその意図をよく理解し、全力を尽くして任務を完遂し、その期待に副うだけでなく、それ以上の寄与を行なわれた。当時私ども生意気盛りの若い連中は、上級司令部や友軍に対する不満を公言したが、艦長が一言でも批判がましいことを口にされるのは聞いたことがない。大言壮語も全くなく、自らの功を誇られることもなかった。肩肘張らず淡々としてやるべきことをやるといった感じであった。

艦長は訓練には厳しかった。特に自らの演練は一日も怠られなかった。戦闘に際して闇夜の中敵情を判断し、艦の運動を掌《つかさど》りつつ、流れるように口をついて出る適確な戦闘指揮は、まさに毎日の自己修練のたまものではなかったろうか。

任務と訓練には厳しい艦長も、寛ぐときには本当に良い親父であった。明るくて率直、かみしもを着ることのない人柄は、傍に居るだけでも自ら心が和み、笑いが湧いた。

この艦長と一緒ならば地獄の果てまでもと思ったことである」

果たして実際のいくさで、中村が吉川中佐と同じような指揮統率ができたかどうか、それはわからない。本人もやってみなければわからなかっただろう。しかし中村が吉川中佐に理想の指揮官像を見いだし、その域に近づくべく努力したのは、この文章から明らかである。ちなみに艦を失った吉川中佐は、兵学校教官の内命を辞退し、引き続き前線勤務を希望する。そして新造駆逐艦「大波」の艦長として再びソロモンの海へ出撃、昭和十八年十一月二十五日夜、ニューアイルランド島セントジョージ岬沖で、米駆逐艦のレーダーに捕捉され、一方的攻撃を受けて沈没戦死した。死後、一駆逐艦長としては前例のない二階級特進という栄誉を受け、少将となった。

老提督の講話

中村が尊敬する第二の人物が山梨勝之進大将であることは、本人が度々述べている。

あるとき木村が中村に会って食事をする機会があり、たまたま木村邸を訪れていた海上自衛隊の若い士官を誘った。中村提督に初めて会う機会を得て緊張した面持ちのこの士官は、食事中ほとんど一言も発しなかったが、最後になって勇気をふるい、軍人民間人を問わず人間として一人尊敬する人物を挙げてほしいと中村に頼んだ。中村はこう答えたそうだ。

「私は機会あって、二人の海軍大将に会ったことがあります。一人は高橋三吉大将。もう一人は山梨勝之進大将です。同じ大将でも、これほど違うものかと思いました。山梨大将は、人間磨けばこれほどまでになれるものかという人物でした。それ以来私は、何か事にあたって決断するとき、山梨大将ならどうされるかと考えるのが常です。もちろん山梨大将には遠く及びませんが」

山梨勝之進は言うまでもなく、戦前の海軍良識派を代表する人物の一人である。中村が大将に会ったのは戦後であった。

中村は本土決戦にそなえて結成された突撃隊の特攻長として千葉県で終戦を迎えた。人間魚雷「回天」、二人乗り小型潜水艦「海龍」、モーターボート「震洋」を率いて、米軍が上陸してきたら部下とともに発進し特攻作戦を敢行するつもりであった。戦況の推移を見ていれば勝てるとは考えないが、まさか負けるとも思っていない。敗戦の知らせを聞いて茫然自失した。八月十六日ごろには、このまま「海龍」に乗り込んで海賊をやろうかと、仲間と相談したそうである。

その後大阪警備府の副官として海軍最後の任務を終えたあと、大学に入り直そうと受験勉強をはじめたが、インフレが激しく妻子を抱えて食べていけず、あきらめる。復員局を経て海軍の払い下げ物資で事業を行なう会社に就職するものの、資財の横流しで商売する仲間の姿がいやでやめてしまう。結局夫人の親戚がやっている会社で経理の仕事をしているうちに、昭和二十七年、海上自衛隊の前身海上警備隊が発足し、中村は中学の先輩や兵学校のクラスメートから勧められて応募する。入隊は二十七年六月であった。アワーによれば、再び海軍に入るのを家族が強硬に反対し、それを押し切って入隊したという。

兵学校を首席で出た中村は、民間で立身を望めばおそらくいくらでも機会があった。にもかかわらずどうしてまた海上自衛隊に入る気になったのかと私がたずねると、中村は「また海軍がやれると思って、血が騒いだのでしょうかねえ」と答えた。

中村は海上自衛隊に入って船に乗るつもりであった。五年もしたら憲法が改正になって正式な海軍が発足するだろうと、楽観的に考えていた。残念ながらどちらもすぐには実現しない。入隊すると総監部で予算要求の資料づくりをやらされ、これでは話が違うと、やめることを考えた。二十九年に佐世保の第二船隊群司令部幕僚として待望の海に出たが、すぐに発足したばかりの統合幕僚会議事務局へ呼び返される。中村は憤慨して四十日間海でだだをこねた。兵学校首席の人材を中央が放っておかなかったのだろう。いずれにしても入隊した海上自衛隊の現実は厳しく、かつての海軍とはいろいろな面で異なっていた。中村は時に鬱々として楽しまなかった。

中村が山梨勝之進大将に初めて接したのは、この少しあとである。自身が一時会長を務めた海軍関係者の親睦団体「水交会」の会報に、中村は「山梨勝之進大将に学ぶ」という題の文章を書いている。
「私が山梨大将に接したのは、昭和三十二年、海上自衛隊幹部学校の学生として講話を承ったときであった。もう四十年近い前のことであるが、今でも昨日のことのように目の前に浮かんでくる。当時大将は既に八十歳を超えておられたが、部厚い原書二、三冊を教壇の机の上におかれ、校長がいくらすすめても椅子やマイクは一切用いられず、ときに教壇の床を左右に歩き、ときに原書をひもときながら、一片のメモをも手にしないで、数多くの歴史的事実や名将の事績、さらにそれぞれに対する大将の感想や評価を、諄々として説ききたり説き去り、いささかも倦むところがなかった。
　講話は一時から四時までの予定であったが、話は佳境に入って四時になっても五時になっても終わらず、終わったときは六時を相当過ぎていた。その間二度ほど小憩されたが、最後まで椅子に腰掛けられることなく立ったまま凜然とした姿勢で続けられた。（中略）
　その当時海軍で有名であった方々のお話を承ることも少なくなく、中には単なる懐古趣味的な思い出話に終わることに失望していた私どもは、全く次元の違う山梨大将の講話に接し、お話の内容はもちろん、そのお話を通じてほとばしる大将の全人格に触れて深く感動した。人間も磨けばここまで到達し得るものかという活きた模範に接した感銘は、今日も忘れられない。山梨大将の講話を直接承り大将の人格に接することができたのは、一生の幸せと思ったことであった」

幹部学校は、前に述べたとおり、海上自衛隊の指導者を養成する機関である。中村はここで山梨に接し、初めて将来の海上自衛隊像を自分自身で思い描けるようになったようである。同じ文章のなかで、中村は次のように述べている。

「幹部学校の課程が終わった卒業式のとき山梨大将は来賓として祝辞を述べられた。当時海軍再建の意気込みに燃えて集まった私どもも、余りに大きい政治的、社会的、経済的制約に、ともすれば挫折感に苛まれ、士気阻喪することもたびたびであった。そのような卒業生を前にして、大将は次のような要旨のお話をされた。

『海上自衛隊は艦も飛行機も少ない。装備も施設も誠に不十分である。しかし人がある。今日卒業してゆく諸君こそ海上自衛隊の何ものにも換え難い資産である。諸君の前途には幾多の苦難があるだろう。しかしそれは諸君だけが初めて担うものではない。昭和海軍しか知らない諸君には想像できないかも知れないが、日本海軍があれまで育ったのは、明治の建軍から日清、日露を通じさらには軍縮時代を通じて、幾多の先人が今日の諸君と少しも変わらぬあるいはそれ以上の苦難にもめげず、刻苦精励した努力があったからこそである。苦難の大きいこと、これ男子の本懐ではないか』

（中略）海上自衛隊在職中思うように事が運ばぬときは、いつもこの日の大将のお話を思い起こしては自分を励ましたことであった」

何事にも研究熱心な中村は、山梨大将の事績についてもよく調べよく学んだ形跡がある。調べれば調べるほど、山梨は中村が好きになる人物であった。山梨は九十歳を過ぎるまで、毎年一回ごとの幹部学校の講話に少なくとも三ヵ月をかけて準備し、必ずリハーサルをやって話の順序や強調点を検討した。自らの功を誇らず他人の悪口を言わなかった。昭和天皇が山梨大将をもっとも篤く御信任なさったという話が出ると、大将は咳ばらいをしたり、突然新しい話を持ち出し、話題を変えようとしたという。大将が巡洋艦「香取」艦長を務めたとき少尉で乗り組んだ栗原悦蔵少将という人は、山梨艦長を懐古して、

「柔らかい、いつどこにおられるかわからない、威厳を示すわけでもなく強《こわ》もてでもなく、お世辞を使うわけでもない、その辺の田舎のオヤジのような格好をしているが、いつの間にか艦内の規律も士気も最高。あれが一番最高の統率者であろう」

と述べているそうだ。

よく知られているように、山梨は昭和五年(一九三〇年)のロンドン海軍軍縮会議の折、海軍次官の職にあった。重巡洋艦ならびに補助艦総括対米七割を主張して譲らない加藤寛治軍令部長、末次信正軍令部次長を押さえ、補助艦対米六割九分七厘五毛で軍縮条約を成立させた、条約派の中心人物の一人である。山梨は単なる対米協調派ではなかった。中村の文章によれば山梨は、

「日本の取り組んだ軍縮は、相手がアメリカであり、軍人にとってはこの軍縮は弾丸をうたない

戦争であった」

と認識していた。ただ日本の国力から考えて、ぎりぎりのところで条約をまとめあげるのが国益にかなうと判断したのである。しかし世間はそう取らなかった。条約調印は統帥権干犯との議論が野火のように朝野に広まった。そして喧嘩両成敗のかたちで、末次軍令部次長と山梨海軍次官と、両方が更迭された。さらに軍縮会議後三年、大将は大角《おおすみ》海軍大臣の人事によって予備役に編入される。ロンドン会議の首席全権であった若槻礼次郎は、戦後次のように回顧している。

「山梨次官も海軍を追われた。(中略)私は山梨に対してあんたなどは当たり前に行けば聯合艦隊の司令長官になるだろうし、海軍大臣にもなるべき人と思う。それが予備になって今日のような境遇になろうとは見て居て実に堪えられんと言った。すると山梨は、いや私はちっとも遺憾と思っていない。軍縮のような大問題は犠牲なしには決まりません。誰か犠牲者がなければならん。自分がその犠牲になるつもりでやったのですから、私が海軍の要職から退けられ今日の境遇になったことは少しも怪しむべきではありませんと言った。これを聞いて私は今さらながら山梨の人物の立派なことを知ったのであった」

山梨は日露戦争のときの艦艇勤務を除けば、戦争を体験していない。昭和八年に予備役へ編入されたとき、すでに五十六歳であったから、早く海軍を退かなくても太平洋戦争時には現役を離れていただろう。そういう意味では戦わぬ提督であった。にもかかわらず、彼は与えられた任務を全力で果たし、旺盛な敢闘精神で事にあたった。そして自分の役目が終わったときには、潔く身を引いた。山梨の境遇と身の処し方に中村が共感を抱き、この老提督を自分の鏡としたことは、よくわかるような気がするのである。

アメリカへの留学

中村が尊敬する三人目の海軍軍人は、海上自衛隊生みの親の一人、アーレイ・バーク提督である。前述のとおり、バーク提督は親しい間柄の中山定義海将と相談して、海上自衛隊の将来の指導者をロードアイランド州ニューポートにある米海軍大学へ留学させるプログラムを発足させた。中村はこのプログラムの第五回生として、昭和三十五年（一九六〇年）夏、アメリカへ渡った。サンフランシスコまで飛行機で飛び、そこから汽車で大陸を横断する。かつて敵として戦ったアメリカを見て、こんな国とよく戦争をしたなと感じたそうだ。ワシントンで八週間英語の研修を受けたあと九月にニューポートへ移り、海軍大学校で各国海軍派遣の学生と一緒に学んだ。

ニューポートでは、のちに内田が世話になる同じ家に下宿して、アメリカの家庭生活を体験した。この家の夫人にはかつて兵学校出身の婚約者がいて、戦争中潜水艦に乗り組んで行方不明となり、その縁で日本海軍の留学生を引き受けたことは、前に述べた。この家庭に入ったのは中村が最初であった。おそらく彼の印象がよかったために、夫人は引き続き日本の海軍士官の面倒を見たのであろう。中村はその後カリフォルニアに移った彼女と、今でも親戚同様のつきあいを続けているという。

中村がバークに初めて会ったのは、海軍大学の課程の一部であるワシントン研修を受けたときである。当時海軍作戦部長の地位にあったこの人を、各国からやってきた海軍士官の一人として国防省に表敬訪問した。米国海軍制服組の最高位にある提督は、二三ヵ国の海軍から派遣されてきた二三人の学生一人一人に声をかけた。一人二、三分の短い時間でありながら、それぞれの士官をまことに適切な内容の言葉で激励したそうだ。アメリカ人としてはむしろ小柄なこの提督を、中村は実にすばらしい人だと思った。バークが戦争中日本海軍を相手に南の海で熾烈な戦闘を行ない、戦後は日本に来て海上自衛隊の成立に深くかかわったことを、このときの中村はごく一般的にしか知らなかった。しかし各国の海軍士官と話すその態度を見て、中村はすっかり畏敬の念を抱いたのである。

中村はさらに海上幕僚長のとき、アメリカ合衆国建国二百年祭を機会に訪米し、日本大使館で催されたレセプションで、すでに退役したバークと再会を果たす。当時ロッキード事件の影響で、新しい対潜哨戒機導入の動きがすべて凍結されていた。これまで使っていたP2-VおよびP2-Jはどんどん古くなり、耐用年限が来てしまう。早く後継機を導入せねばならないのに、政治的理由でそれができない。このままでは兵力に穴があく。

思い屈した中村の表情を見て、バークは大いに同情を示し、「責任者にはいろいろな悩みがあるもので、それを克服してこそ成長があるのだ」と、中村を励ました。提督自らの体験からにじみ出た温かさと、後輩を育てる思いやりが感じられた。それは人種などまったく関係のない、同じ苦労をしてきた人間から出た言葉であった。

バークが来日したときパーティーの席で何度か一緒になったのを除けば、二人の交流は、これがすべてである。会った時間もわずかであるし、言葉のハンディーもあったから、それほどつっこんだ話を交わしたわけではない。にもかかわらず中村は私に、山梨勝之進とならんで印象がもっとも深かった人物として、バークをあげた。中村にそれだけ強い印象を与えたのは、この人物の大きさである。またバークが戦後の海上自衛隊に抱いていた好意が、中村に対しても自然に表われたのであろう。かつて同じソロモンの海で敵味方に分かれて戦った海軍軍人同士が感じる、共感のようなものさえあったかもしれない。

海上幕僚長として海上自衛隊最高責任者の地位に立った中村にとって、海軍作戦部長を務めたバーク提督は、何年か前に最高指揮官として同じような苦労をした先達でもあった。日本と米国と国は違っても、指導者としての姿勢の正しさと真摯さにおいて、山梨大将とバーク提督は同じ資質を持っていたように思われる。交わした言葉は少なくても、中村にはそれがよくわかったのである。

米海軍との協力

戦時中渾身の力をふりしぼってアメリカ海軍と戦った中村は、戦後海上自衛隊に入って米海軍から学び、艦艇や航空機を譲り受け、共同で訓練に励む立場に置かれた。アメリカ人の教官は概して親切でオープンで、悪い印象は持たなかった。海の戦いは陸の戦いと違い、顔をつきあわせて殺し合うわけではないから、個人に対する憎しみや恨みはお互いに抱かなかった。それに米海軍も日本海軍も英国海軍の末裔であり、訓練や作戦のやり方に違和感はなかったという。しかし海上自衛隊創設期の一士官として、圧倒的に豊かで強力な米海軍に対し、悔しさはあっただろう。

海上自衛隊に入ったとき、一体何年経ったら米国の手にわたった海軍基地を取り戻し、米国に負けない海軍力を再び持てるかと考えたそうである。ニューポートの海軍大学留学中に、映画『戦場にかける橋』を見せられて無闇に腹を立てたこともある。「日本軍による捕虜虐待をテーマにした映画など見せて、これまで米国が自分の教育に費やした時間と金が無駄になったぞ」と、アメリカ人の教官に食ってかかった。中村はある意味で、戦前から少しも変わらない、古いタイプの愛国者なのである。

しかし一方で、幹部学校で勉強し、米国に留学して学び、指揮官としての立場で考えるうちに、日本を愛するこの海軍士官の考え方は少しずつ変わった。感情の上では戦前のようにすべて自前の海軍でやりたい。しかしそれが日本にとって本当にいいことなのか。すべて自前でやるのならば、核兵器も持たねばならない。けれども日本が核を持っても抑止力にはならない。そうであれば、日米安保体制がすべての前提になる。日本の平和を守り太平洋の安全を確保するには、日米の緊密な関係が不可欠である。

そして協力の相手となる米国には、バーク提督のような信頼に足る、志を同じくする、海軍関係者がいる。両国の海軍指導者のあいだに真の信頼関係があり、有事の際お互いに頼りになる実力があれば、両国が再び戦う必要はないであろう。米国撃つべしと激しい闘志に燃えていた一海軍士官の心のなかで、これだけの理解と確信が得られるまでには、おそらく長い時間がかかったはずである。

けれども考えてみれば、米海軍と全身全霊をあげて戦ったのは日本を守るためであり、今米海軍との協力をすべてに優先させるのも日本の平和と安全のためである。中村にとって、二つの立場の間には中村にとって何の矛盾もない。現役を退いた今も、中村はアメリカ海軍との関係を考え続けている。戦争で命を落とした海軍の戦友たちのために、また愛する日本と日本人の将来のために。

水雷長中村

第三次ソロモン海戦で中村が魚雷を命中させる前の昭和十七年（一九四二年）九月四日、駆逐艦「夕立」はガダルカナル島敵飛行場砲撃のあと、米高速輸送艦二隻を沈めた。そのときのことを、中村は記念文集『駆逐艦夕立』のなかで、次のように記している。

「突如『黒いもの一つ』曽根信号員長の声。眼鏡をそちらにまわしてみると確かに艦影だ。艦長は砲戦指揮と操艦に忙しい。独断で発射準備を整えることを決意、『戦闘・魚雷戦』を下令、続いて『塞気弁《そっきべん》開け』。（中略）この間も目標の観測を続ける。敵は二隻、一番艦の方が大きいが軽巡より小型、二番艦は駆逐艦、『塞気弁良し』の報告を聞いて『左魚雷戦同航』を下令、もう砲撃と照射は始まっていた。探照灯に照らされた敵の艦上に飛行機を搭載しているのがはっきり見える。わが砲弾が命中、敵に火の手が上る。射角を整え、艦長に『発射準備良し』と報告、艦長は『魚雷は使わない、射撃で十分』と返答され、一度に肩の力が抜けた。取り敢えず『発射管中央』と中正の構えに戻した。味方の砲弾は次々と命中、距離が近寄るにつれ敵の乗員が右往左往するのが見える。火災が全艦に拡がる。（中略）魚雷を打つ機会のなかったことは残念ながら、本当に快心の戦闘であった」

このときはこうして魚雷を撃つ機会がなかった。発射準備がすべて整っていても、艦長が魚雷を使わないと判断すれば、撃つのをやめるのである。中村の解説によれば、九三式魚雷は酸素に直接点火すると爆発するのでまず普通空気で点火し、ついで酸素を送り込む。この点火用の普通空気の通路を開くのが「塞気弁開け」である。普通空気の容量はごく少ないので早く開きすぎると漏洩によって圧力が低下し、遅過ぎると発射時期に間に合わない。この下令時期は発射指揮上もっとも気を使ったことの一つであったそうだ。

中村は生涯に四度、訓練ではなく実際に魚雷を発射している。一度目は昭和十七年二月二十七日、スラバヤ沖海戦で「デ・ロイテル」を先頭とするオランダ海軍の巡洋艦群に向けて四本ずつ二回、計八本を発射したとき。このときは目の前で発射したばかりの九三式魚雷が自爆し、敵艦には一発も当たらず、悔しい思いをした。二度目は同年十月二十五日、敵航空機からの命中弾を受け火災を起こし総員退去したあとの友軍巡洋艦「由良」を沈めたとき。三度目は第三次ソロモン海戦で八本の魚雷を放ち、そのうち少なくとも二本が敵艦に命中したとき。そして四度目は、自分で直接撃ったわけではないが、昭和四十九年、自衛艦隊司令官時代、東京湾で貨物船と衝突して火災を起こしたLPGタンカー「第一〇雄洋丸」の魚雷による処分を指揮したときである。

もちろん戦後、実戦で魚雷を放ったことは一度もない。しかし「第一〇雄洋丸」処分のときにはマスコミ注視のもと、果たして魚雷によって船を沈めることができるかどうか、中村以下海上自衛隊関係者は、ずいぶん緊張したらしい。扇の的を狙って弓を引く、那須の与一のような心境であったろう。無事任務を果たしたあと、中村は部下に、

「普段はやっかい者扱いされていても、いざというときには国民は自衛隊に期待する。しかも忠実に完璧な仕事をするよう期待するのだ」

と、述懐したそうだ。

昭和十六年、駆逐艦「夕立」に乗り込んだ中村は、海軍水雷学校で一週間実施される水雷長講習に参加するよう突然指示され、水雷長任命を知った。事変のため兵学校を八ヵ月繰り上げて卒業した中村のクラスは、発射法や雷撃法についてほとんど教育を受けておらず、対潜攻撃法についてはまったく無知であった。一週間の講習を受けたあと開戦までの三ヵ月間、中村は必死で勉強した。水雷学校や機雷学校を駆け回り資料を集め、疑問のところは教えを受けたが、ほとんどは独学であった。会合や遊びに出かけた日には、深夜帰艦して机に向かった。一生のうちでこのときほど勉強したことはないという。開戦前に発射したのは、訓練頭部をつけた魚雷一本のみであった。

その時から戦後海幕長を退くまでの約三十五年間、中村は決して研究を怠らず、合戦のために心の準備をしていたように思われる。すぐに「塞気弁」を開けるよう、常に用意していたように見受けられる。戦争中二度敵の艦艇に向けて八本ずつ放って以来、実際の戦闘で魚雷を放つことは再びなかった。戦後の日本は戦争に巻き込まれず、発射する必要がなかったからである。

それでもなお、必要とあらばいつでも魚雷を発射できるよう、常に魚雷発射管の脇に立ち続けた。国民に認められずとも、任務完遂、率先垂範。責任感と使命感に燃えていた。少しも自らの功を誇らず、海を愛し、帝国海軍、海上自衛隊に一生を捧げ、時がくると去っていった。米海軍士官ジェームズ・アワーが尊敬し、息子の名前に一字を譲り受けた中村は、そんな人である。

Ⅳ　海を渡った掃海艇

バーク提督の手紙

海上自衛隊創設の歴史を研究するため、一九七〇年七月日本へ向かったジェームズ・アワーには、アメリカを発つ前、会っておきたい人物が一人いた。元海軍作戦部長のアーレイ・バーク提督である。文献を調べれば調べるほど、海上自衛隊発足に際してバークが果たした役割の大きさは明らかだった。この人の話を聞きたい。アワーはそう思い、連絡を取る。海軍を退役してすでに十年近く経っていたが、バークは石油会社の社外取締役として、またジョージタウン大学戦略国際問題研究所所長として、忙しく飛び回っていた。アワーがワシントンを訪れたときも出張中で、残念ながら日本へ出発する前には会えなかった。そこで日本へ到着してからほどなく手紙を書き、六ヵ月後本国へ戻ったときぜひ直接話が聞きたいと、改めて面会を求める。あわせて質問事項を書き出し、添付して送った。

当時アワーはまだ三十歳にならない現役の若い海軍少佐である。研究のためとはいえ、海軍軍人として最高位をきわめた海軍大将に手紙を書く。それが特に不自然でない。このあたりは海軍という組織の開かれた一側面かもしれない。

バークからはほとんど間を置かず、折り返し返事が届いた。ワシントンへ戻ってきたら喜んで会うとのこと。質問事項にも簡潔で十分な回答がなされていたが、「むしろ君が質問すべきだったのは、以下の事項だ」と、新たな質問項目が書き加えられ、その回答まで記されていた。洋の東西を問わず、また階級の高低に関わりなく、海軍士官という人種は一様にまめである。手紙の返事など不精をせずにきちんと書く人が多い。バークのこの書簡は、「一九五〇年代はじめ、私は海上保安庁初代長官大久保武雄氏と、非常に興味深い会話をした。そのことにつき氏に直接問い合わせてみるよう勧める。研究がよい成果を生むことを祈る」という、謎めいた言葉で締めくくられていた。

バークが記した大久保海上保安庁長官との興味深い会話は、朝鮮戦争中に米海軍が日本の掃海艇出動を要請した件に関わるものである。アワーが研究成果をまとめた『日本海上兵力の戦後再軍備』によれば、一九五〇年六月の朝鮮戦争勃発時、西太平洋方面の米海軍掃海能力はきわめて限られていた。太平洋戦争終結後、一九四七年までに、チェスター・ニミッツ海軍作戦部長は太平洋艦隊の掃海部隊を廃止し、掃海任務は駆逐艦補給艦部隊の付随任務に格下げする。したがって米海軍の掃海艇はこの方面にあわせて一〇隻しか残っておらず、そのうち三隻はすでに実戦配置を解かれていた。一九五〇年八月、極東米海軍司令官ターナー・ジョイ中将は、戦線視察に訪れたフォレスト・P・シャーマン海軍作戦部長に掃海能力の増強を要請したが、今その余裕はないとの回答しか返ってこなかった。

バークは当時少将の位にあり、九月はじめ、シャーマン海軍作戦部長直々《じきじき》の要請によって、ジョイ中将の参謀副長として東京へ着任する。国連軍最高司令官マッカーサー元帥が企てた朝鮮半島西岸の仁川上陸作戦に関連してワシントンの立場から助言を与え、あわせてワシントンへ戦況を報告するのが任務である。九月十五日に敢行されたこの作戦が成功したあと、引き続き今度は東岸に位置する元山上陸計画立案をジョイ中将から命じられた。東西から平壌を突こうという国連軍による北朝鮮進攻作戦の一環であった。すぐにわかったのは、掃海能力の致命的不足である。北朝鮮東海岸沖にはソ連専門家の援助を受け数千個に及ぶ機雷が敷設されていて、とても上陸を敢行できる状態になかった。バークは作戦実行が不可能だと進言したが、マッカーサーは聞かない。上陸予定期日は十月二十日と決められた。時間がない。

バークの見るところ、この窮状を解決する方法はたったひとつしかなかった。旧日本海軍の掃海艇投入である。

戦後の帝国海軍掃海部隊

昭和二十年（一九四五年）八月の敗戦を機に、帝国海軍は消滅する。海軍軍人は武装解除され、戦艦「長門」をはじめとする残存艦艇はしかるべく処分された。海軍省は十二月一日第二復員省と名前を変え、外地からの軍人復員援助がその主要な任務となる。しかしこの間、戦争中の任務をほとんど中断せずに続行した部隊がある。海軍掃海部隊である。

戦争が終わると、日本の沿岸には米海軍が敷設した感応機雷が約一万一〇〇〇個、帝国海軍が敷設した防御用機雷が約五万五〇〇〇個残っていた。経済活動再開にとって、機雷の存在は危険きわまりない。現に何隻もの民間船舶が触雷して沈没し、多数の犠牲者が出た。たとえば降伏直後の一九四五年八月二十二日、朝鮮半島へ帰還する人々を大湊から舞鶴へ移送中の「浮島丸」が舞鶴烏島《からすじま》付近で触雷沈没、五二四名の溺死者を出した。十月七日には、関西汽船の「室戸丸」が内海九州航路再開第一船として大阪港を出港直後に触雷沈没、三三六名の死者および行方不明者を出した。生存者はわずか二五名である。一九四八年一月二十八日には同じ関西汽船の「女王丸」が、瀬戸内海の牛窓港に向けて黒島付近を航行中触雷し、十五分で沈没、一九三名の人命が失われた。戦後船舶の触雷による被害は、一九五三年現在で死亡および行方不明一二九四名、重軽傷四〇二名に上る。

米軍は機雷処理の仕事を帝国海軍の掃海部隊に行なわせた。ポツダム宣言受諾後マニラで開かれた日米軍担当者の会議で、終戦処理の一環として連合軍進駐までに機雷をすべて除去するようにとの命令が下される。九月になって横須賀に到着した米海軍当局者は、掃海が完了していないと責任者を叱責した。しかし短期間で何万という数の機雷を処理するのはとても無理である。米軍は日本沿岸水域の掃海作業を甘く見ていたようだと、アワーは言う。十二月に入ると田村久三海軍大佐の指揮する帝国海軍掃海部隊は、海軍省が廃止されて新しく発足した第二復員省に籍を移し、掃海の仕事を続けた。使用する艦艇、乗組員ともに、海軍時代そのままである。GHQの民生局は掃海部隊を指揮する旧海軍士官を追放しようとしたが、米極東海軍司令部がこれに反対し、所属はともかく海軍の現役部隊がそっくりそのまま残った。アワーが帝国海軍は消滅しなかったという理由は、ここにある。このころ、掃海部隊の陣容は艦船三九一隻、人員一万九一〇〇名を数えた。

この掃海部隊は、復員庁第二復員局、総理庁第二復員局、運輸省海運総局掃海管船部を経て、規模を縮小しながら一九四八年に発足した海上保安庁へそのまま引き継がれる。このときの陣容は艦船五一隻、掃海隊員約一五〇〇名である。さらに一九五二年四月に発足した海上警備隊が同年十一月保安庁警備隊に衣替えした際、掃海業務は海上保安庁から移管され、海上自衛隊掃海部隊へと続く。めまぐるしい組織変更にもかかわらず、任務と主要な指揮官は、九年間ほとんど変わらなかった。その中にはのちの海上幕僚長大賀良平や、アワーの論文を翻訳して『よみがえる日本海軍』という題で出版した妹尾作太男《せのおさだお》がいる。彼らは敗戦後一度もその任務を解かれず、触雷による殉職者を出しながら戦い続けた。

海上自衛隊の掃海艇による最後の航路啓開掃海作業は、一九八五年に実施された。敗戦から一九五二年までの掃海作業中に事故で亡くなった掃海要員は七七名に達する。この人たちを追悼するため、同年航海安全の神様である四国琴平金毘羅宮に掃海殉職者顕彰碑が建立され、それ以来毎年慰霊祭が行なわれている。

日本掃海隊出動

バークはこの貴重な戦力に目をつけた。老朽船ばかりとは言え、アメリカ海軍の掃海部隊と比較すれば、艦艇数隊員数ともはるかに勝っている。戦後ずっと掃海を続けていただけに練度も高い。そこで一九五〇年（昭和二十五年）十月二日、海上保安庁長官大久保武雄に電話をかけ、「極東米海軍司令部へ速やかに足を運ばれたし」と要請する。旧東京銀行本店に置かれた司令部へ到着した大久保をバークは自室に招じ入れ、海上保安庁所属の掃海艇出動を単刀直入に求めた。バークは北朝鮮が敷設した高性能ソ連製機雷の危険性を強調し、国連軍が困難に遭遇した今、日本掃海隊の助力を借りるしか方法がないと言った。そして「日本掃海隊は優秀で、私は深く信頼している」とつけ加えた。

当然のことながら大久保は大いに驚き、要請に応じるのを渋った。日本は北朝鮮と戦争状態にない。そもそも憲法九条が日本に戦争を禁じているではないか。海上保安庁は軍隊ではない。その艦艇が直接戦闘地域に出て掃海活動に従事することはできない。掃海は戦闘行為でないとバークは反論したが、大久保は自分の権限では決定ができないと、どうしても首を縦に振らなかった。この件は吉田首相の判断を仰がねばならない。そこでバークと大久保は車に乗り込み、首相官邸をめざす。

思ったとおり、吉田の反応も鈍かった。吉田はバークに、この件についてマッカーサー元帥は承認しているのかと尋ねた。バークは「だから私がここにいるのです」と答える。いくら抵抗しても、日本は米軍の占領下にある。マッカーサーまで了解しているのでは、しかたがない。最終的に吉田が折れて、海上保安庁の掃海部隊が朝鮮海域に出動することが決まった。このことはもちろん極秘とされた。

それから二十年後、一九七〇年の秋にバークから謎めいた書簡を受け取ったアワーは、早速大久保に連絡を取り、面会の約束を取りつけた。大久保は当時自由民主党選出の衆議院議員になっていた。趣旨を聞いて、「バークさんの紹介なら」と、帝国ホテルのフレンチレストランにアワーを招待し、夕食をごちそうしてくれた。アワーに同行したのは、衆議院の職員増岡一郎と通訳を務める『朝日新聞』の田岡俊次である。アワーは米海軍の在日駐在武官を通じて政界につてのある増岡を紹介され、その増岡が大久保との会見を設定してくれた。田岡は安全保障問題に興味を抱くまだ若い新聞記者で、アワーが学ぶフレッチャースクールに留学していたのちの朝日新聞外報部長、村上吉男から紹介を受けて親しくなった。

約束の時間に帝国ホテルへ赴くと、大久保はアワーに会うなり、『激浪二十年』という海上保安庁の歴史を記した本をアワーに手渡した。そして「この本にあなたの知りたいことは全部書いてある。あとで読めばいい。だから今日は楽しく食事をしましょう」と言った。あまり真剣に海上自衛隊発足の事情を話す気はなかったようである。

そこでアワーは「バーク提督が、大久保さんと一九五〇年に興味あるお話をした、大久保さんにそのことをうかがえと言われていますが」と切り出すと、大久保はそれまでの調子を改め、「その件はまだ誰にも言っていない。この本に書いていないただ一つのことが、それだ。田岡さん、これはオフレコだよ」と述べて、掃海艇派遣についてのバークとのやりとり、吉田首相とのやりとりについて語った。

アワーがバークに初めて会ったのは、その年のクリスマスに一時帰国したときである。バークはこの若い海軍少佐をワシントン郊外ベセスダの自宅に招いて、会見に応じた。大久保とのやりとりについてアワーが話すと、おもしろそうに聞きながらにやにやしている。アワーが「本当にマッカーサーの許可をあらかじめ取っていたのですか」と尋ねると、その件については、「ファズ・イット・オーヴァー」、つまりちょっと曖昧に書いておいてくれと頼まれた。マッカーサーの許可を事前に得てはいなかったのである。アワーはバークの要望を尊重し、自著『日本海上兵力の戦後再軍備』では、この点について触れなかった。しかしこの会見から三十年近く経ち、バークが亡くなった今、もう時効だろうと考えている。占領時代、特に朝鮮戦争という特別な事態にあたっての、例外的な措置であった。歴史はしばしば、このような瞬間の跳躍によって刻まれる。

ちなみにバークとのやりとりについては、当事者の大久保自身が一九七八年に『海鳴りの日々——かくされた戦後史の断層』(海洋問題研究会)という題で本にまとめて発表した。それによればアワーがバークから聞いた話とは少し細部が異なる。バークの要請を聞いたあと、大久保はただちに一人で吉田首相を総理官邸に訪ね、経過を説明して指示を仰いだ。一方、バーク自身が目を通したE・B・ポッターの手になるバークの伝記に従うと、大久保と会ったあとすぐ車に乗り込んで首相官邸へ向かい吉田と面会したのは、バーク一人であった。このあたり、関係者自身の記憶が不確かなのかもしれないが、両者とも亡くなった今、確かめようがない。

『朝日新聞』の船橋洋一が大久保の発言として別途伝えるところによれば、吉田は、「しょうがないな」とつぶやいた後、「ただ、海外派兵につながると解釈されると、国会で問題になる恐れがある。秘密裏に頼む」と大久保に指示した（雑誌『フォーサイト』一九九九年第六号「戦後志を読む――世界と出会ったこの一冊」第六回）。『海鳴りの日々』にはそこまでは記されていない。吉田は報告を受け、「国連軍に協力するのは日本政府の方針である」として、バーク少将の要請に従うことを許可した。大久保は終戦直後の九月二日、連合軍最高司令部が発した一般命令第二号に、「日本帝国大本営はいっさいの掃海艇が（中略）掃海作業に役立ちうるごとく、準備すべし。日本国および朝鮮水域における機雷は、連合軍最高指揮官所定の海軍代表により指示せらるるところに従い掃海すべし」とあったのを拡大解釈し、占領下においてはマッカーサーの命令が絶対であったこととあわせ、要請受諾を正当化した。

さらに大久保は要請を受けるにあたって、GHQから文書をもって日本政府に指令を出すよう申し入れた。「事は急を要するけれども、私の命令を受けた掃海隊員はとつぜんのことで、驚くに違いないし、海上保安庁掃海隊の出動に名分をあたえる必要があると考えたからであった」と記す。この申し入れを受けて、極東米海軍司令官ジョイ中将は、十月四日、山崎運輸大臣あてに指令を発した。「日本政府は二〇隻の掃海艇、一隻の試航船、四隻の巡視船を可及的速かに門司に集結せしむべし、なおこれら船艇の掃海活動については後令す」というのが、その内容であった。

その二日前、大久保は海上保安庁で緊急幹部会を開き、「米側の指令により朝鮮海域の掃海を実施することとなりたるにつき、(中略)船艇を至急門司に集結せしめよ」と命令を出した。呉、下関、大阪、小樽、名古屋、新潟の各基地から艦艇二五隻と乗組員が集められ、海上保安庁航路啓開部長田村久三元海軍大佐を総指揮官とする四個掃海隊からなる特別掃海部隊が編成された。

掃海隊下関集結

こうして編成された特別掃海部隊が下関の唐戸桟橋に集結したのは、一九五〇年十月六日である。この日の午後、大久保は旗艦「ゆうちどり」のサロンに田村総指揮官以下、各隊指揮官ならびに艇長を召集して、掃海隊朝鮮出動の経緯ならびに日本政府の意向を伝えた。そして、「日本が独立するためには、私たちはこの試練を乗り越えて国際的信頼をかちとらねばならない。諸君の門出に当たって、唐戸の岸壁に日の丸の旗を振る人はいないけれども、後世の日本の歴史は必ず諸君の行動を評価してくれるものと信ずる」と、激励した。

大久保の励ましを受けたものの、この作戦に参加した掃海隊員の反応は、それほどすっきりしたものでなかったようである。たとえば、その一人妹尾作太男によれば、参加するかどうかはあくまで個々人の判断に任された。行きたくないものは行かなくてよい。これを聞いて実際船を下りた乗組員もいた。岸壁までやってきて、夫に行くなと涙ながらに口説いた妻もいた。

ちなみに後年アワーと知りあい、掃海艇の朝鮮戦争派遣について初めて体験談を語る海軍兵学校七十四期の妹尾は、一九四〇年三月に同校を卒業してまもなく敗戦を迎えた。復員船となった空母「葛城」に甲板士官として乗り組んでラバウルに三回往復する。そのあと掃海部隊配属となり、海上保安庁所属となってからも呉を基地として沿岸の機雷掃海を続けた。そしてこのとき下関の唐戸桟橋に集合して、朝鮮水域への出動について説明を受ける。朝鮮から帰ったあとも警備隊、海上自衛隊と勤務を続け、退役するまで一度も休まずに海の仕事をした。

こうして説明を受けた隊員たちは、しかし結局そのほとんどが出動に同意する。参加者には多額の報酬が出た。月給六千円から八千円のところに、危険手当が内地の作業の倍、一時間あたり三十円つく。三八度線を越えるとさらに倍となる。危険手当は内地では実働時間に対して支給されたが、このときは下関を出てから帰ってくるまで毎日二十四時間ついた。そのうえびっくり手当と呼ばれるボーナスが五千円別に払われる。妹尾は一ヵ月仁川・海州方面へ出動して、総額七万円を受け取った。戦後五年、日本はまだ貧しい。多額の報酬は魅力だったろう。ただし具体的な金額は出動時にはわからない。それよりも掃海艇乗組員はほとんどが帝国海軍の生き残りで、死地を潜り抜けたものも多かった。行こうじゃないか。妹尾の艇では二五人ほどが呼びかけに応じて、参加に同意した。妹尾は駆潜艇（ＭＳ）14号艇の艇長であった。この艇は元山沖で触雷して沈没し、犠牲者を出す。妹尾は出港前にＭＳ04号艇に配置換えになり、元山ではなく仁川と海州方面へ出動したため、命拾いをした。

同じく仁川・海州方面へ出動したMS07号艇艇長の滋賀広治は、「国外での臨戦的な掃海に参加する使命に、割り切れないものを感じ」たと、『海鳴りの日々』に寄せた手記のなかで述べている。危険の程度は、危急時の保護・収容は、安全のための行動自由度はと、疑問が次々にわき、「妻子、親兄弟を持つ乗組員を同行させるだけのものを、つかみかねていた」という。

しかし先に出港した駆潜艇の一隻が発電機故障のため引き返すことになり、代わりにMS07号艇の出動が決まった旨、近所の理髪店で散髪中、駆けつけた部下から知らされると、「済んだらすぐ戻る。出港準備」と命令して、即座に出動を決心する。「あれほど反対だった私が、どうしてこの時出港の決心をしたのか? 反対の私に心から従っていた乗員が、素直に万全の出港準備をして船長の帰船を待っていたのか? 今もって解らない」そうだ。

MS14号艇、触雷沈没

こうして田村総指揮官が座乗する旗艦「ゆうちどり」と、能勢省吾指揮官率いる第二掃海隊の掃海艇五隻ならびに巡視船三隻が、第一陣として十月八日午前四時に下関を出港し、十日元山沖に展開した。少し後に仁川・海州方面へ向かった第二次第四掃海隊の指揮官大賀良平によれば、田村総指揮官、能勢指揮官両名とも元山沖で掃海にあたることを、出発のときは知らなかった。対馬海峡のランデヴーポイントで米海軍の海洋タグボートと会合、作戦計画を渡され初めて元山行きを知る。無線封鎖、夜間灯火管制が敷かれ、機雷の危険と深海のため錨を下ろせず、夜間も漂泊を余儀なくされる。

十一日から掃海が始まった。六ノットの潮流と風浪のなかで昼夜を分かたず作業が続き、乗員の疲労は限度に達した。触雷事故が起きたのは、十月十七日である。元山港沖永興湾の上陸泊地掃海を命じられ、米掃海艇とともに作業中、午後三時二十一分、ＭＳ14号艇が触雷、瞬時に沈没した。ほとんどの乗員が海に投げ出される。即時掃海を中止しただちに救難作業を行なうが、死者一名、負傷者一八名の被害を出す。死んだのは司厨員の中谷坂太郎二十五歳であった。

掃海中は触雷の危険があるので、乗員は全員甲板に上がるのが規則である。このときも「総員待避所に待機」という艇長の令が出ている。しかし中谷は夕食の準備をするため一人船艙の米麦庫に下りていたらしい。逃げることができなかった。中谷の遺骸は見つかっていない。葬儀は十月二十七日に呉で行なわれた。田村掃海隊総指揮官が弔辞を読み、敗戦以来ともに掃海作業にあたった戦友の死を悼んだ。米海軍からとりあえず四百万円の弔慰金が贈られたが、掃海作業が秘密裏に行なわれたため、中谷の戦死はその後三十年のあいだ顕彰されることさえなかった。

ＭＳ14号艇の触雷・沈没は、掃海隊に大きな動揺をもたらす。これより先十月十二日、隊員たちは掃海中の米掃海艇「パイレーツ」と「プレッジ」二隻が触雷轟沈するのを、目の前で見ていた。死者一二名、負傷者九二名が出た。それに続いて目前で僚艇が沈んだのである。

旗艦「ゆうちどり」に集まった艇長たちは、掃海中止を主張する。この海面で吃水の深い掃海艇によって掃海を行なうのは、危険だ。吃水の浅い小型艇による事前掃海を実施したあと、本格的掃海を行なおう。討議の結果、田村総指揮官と能勢指揮官がこう提案し、米側に申し入れた。しかし掃海未終了による上陸作戦の遅延に焦る米側は、予定どおり掃海を行なうよう命令した。大久保の『海鳴りの日々』によれば、翌十八日、事前掃海実施を要請して再度折衝中、米軍上級司令部から、「十五分以内に抜錨内地に帰れ。然らざれば十五分以内に掃海にかかれ」との命令が出される。

田村総指揮官と能勢指揮官は、日本の置かれている立場、公務員としての義務、触雷の危険性を考えて、苦悩した。残ろうという者もあったが、能勢隊の総意は内地引上げであった。結局能勢指揮官が部下に引きずられる形で、三隻の掃海艇は急速抜錨、下関へ向かって元山沖をあとにする。田村総指揮官はあとのことを考えて、「内地に帰投せよ」との指示を発した。

米軍の命令はどの程度強圧的なものであったのだろうか。生存する関係者が一人も残っていない今となっては、真相を知る方法がない。自らも海上自衛隊の出身である元防衛大学校教授の平間洋一は、航路啓開史編纂会がまとめた『日本の掃海』という本のなかで、米軍は「十五分以内に出なければ砲撃する」旨の強硬な態度をとったと伝えている。ただしアメリカ側の資料に、「言葉の障害と、それに伴う誤解のため掃海艇三隻が元山を離れ日本に帰投した」とあることを同時に紹介し、雇用（Hire）を砲撃（Fire）と誤聞したのではないかと解釈する。そうかもしれない。しかし実際には、米軍が「掃海にかからなければ首だ（You will be fired.）」と言ったのを、「砲撃する」と誤解したのではないだろうか。ただしこれは私の想像であって、証拠はない。

いずれにせよ、能勢隊の戦線離脱が日本掃海隊の朝鮮水域出動全期間を通じて最大の危機であったことは間違いがない。米海軍は責任者を処罰すべしと強硬であった。

この事態に接して大久保は、能勢指揮官の後任に石飛矼第三掃海隊指揮官を当て、代わりの掃海艇三隻に出動を命ずる。そして東京へ戻った田村総指揮官から事情を聞き、十月二十四日、田村に対し改めて海上保安庁長官命令を下した。「現地米軍の指示に従って朝鮮の水域で滞りなく掃海作業を継続するよう」希望し、「最大の給与が得られるよう、日本政府とGHQの間に了解ができている」ことを、特別掃海部隊に漏れなく伝達するよう指示する内容であった。

こうして前線部隊の動揺を抑えたうえで、十月三十一日、大久保は田村とともに首相官邸を訪れ、掃海を継続すべきかどうか政府の最高方針を正す。応対した岡崎勝男官房長官は、「吉田総理は、日本政府としては、国連軍に対し全面的に協力し、これによって講和条約をわが国に有利に導かねばならないというお考えである。冬季荒天の朝鮮水域で、しかも老朽化した小舟艇による掃海作業には、多大のご苦労があると思うが、全力を挙げて掃海作業を実施し、米海軍の要望に副っていただきたい」と、総理の意向を伝えた。

そのあと、大久保は田村をともない極東米海軍司令官ジョイ中将を訪れる。そして掃海艇三隻が内地に引き返したことを詫び、責任者の処分を約束した。これに対し、ジョイ中将は「日本の掃海隊が非常によく働いてくれていることは、私としても喜んでいるしだいで、こんどの事故は残念だが、今後かかることのないように協力を願う。特に田村総指揮官がよくやってくれている。田村氏を通じ米海軍がよろこんでいることを掃海隊に伝えてもらいたい」と述べ、事故直後と比べるとずっと態度が柔らかくなっていた。処分も能勢指揮官が一人全責任を負い解任されることで解決する。

各人よくやれり

ジョイ中将が大久保へ好意的な態度を示したのは、内地へ引き揚げた能勢隊に代わって元山沖に展開した石飛隊やその他の掃海隊が、立派に任務を果したことと関係があるだろう。元山の機雷敷設状況は、バーク少将が懸念していたよりもはるかに大規模であった。MS14号艇が触雷した翌日の十月十八日、高性能の磁気機雷が敷設されていることが初めて確認される。米軍掃海部隊を指揮するアラン・スミス少将が、「アメリカ海軍は朝鮮海域において制海権を喪失せり」という劇的な電報を、海軍作戦部長あてに打電したほどである。水面下に隠れる約三〇〇〇個の機雷を片付ける能力を、米海軍は単独ではまったく有していない。ここで日本掃海隊が作業をやめたら、上陸作戦は不可能となる。米海軍が日本掃海隊にかなり無理を言ったとしても、不自然ではなかった。

新しくこの海域に到着した石飛隊は、米海軍の期待によく応えた。石飛隊が掃海作業を再開した十月二十日から六日後の二十六日、安全が確保された航路を通って国連軍は無事元山に上陸する。石飛隊はさらに十一月二十六日まで総計三十八日間にわたってこの海域の掃海を続け、五個の機雷を処分した。ほかにも仁川・海州沖で山上亀三雄指揮官の率いる第一掃海隊が一五個、鎮南浦沖で石野自彊指揮官が率いる第二掃海隊が二個、群山沖で萩原旻四指揮官率いる第四掃海隊が三個を処分、能勢隊が最初に処分した三個と合わせ、全部で二八個の機雷を処分した。

アワーの『日本海上兵力の戦後再軍備』によれば、一九五〇年十月八日から十二月十二日までの間に、延べ四六隻の日本掃海艇、大型試航船、および一二〇〇名の旧海軍軍人が、元山、群山、仁川、海州、鎮南浦の各海域で掃海に従事し、三二七キロメートルの航路と、六〇七平方キロメートルの泊地を掃海した。経験の浅い国連軍の他掃海部隊と異なり、日本の掃海艇が一度掃海した海域は、やり直しが必要になるようなことが決してなかったという。MS14号艇触雷沈没事故のあとは死傷者がなく、十月二十七日にMS30号艇が群山で座礁沈没したのが唯一の事故であった。

十二月七日、ジョイ中将は日本特別掃海隊の功績を称え、大久保を通じて「ウェル・ダン」、各人よくやれり、とのメッセージを送る。「ウェル・ダン」という言葉は、米海軍においては最大級の賞詞である旨、ジョイ中将の幕僚プリンス中佐から特に説明があった。十二月九日、大久保は再び下関唐戸桟橋に立つ。そして掃海隊の面々を前にして、「日本が将来国際社会において、名誉ある一員たるべきためには、手をこまねいていては、その地位を獲得するわけには参りません。(中略)私たち自らが、自らの努力により、その汗によって、名誉ある地位を獲得しなければなりません」と述べ、隊員の苦労をねぎらった。こうして二ヵ月に及ぶ日本掃海部隊の朝鮮水域掃海作戦は終わった。

日本掃海部隊の残したもの

一九五〇年の秋、朝鮮水域へ出動した日本掃海部隊の任務とその成果については、さまざまな評価がある。そもそも政府は、長い間事実そのものを隠そうとした。憲法九条の解釈上、自衛のためではない海外での掃海作業を正当化することが、国連軍のためとはいえ難しかったからであろう。

この件についての最初の報道は、掃海艇が下関を出た翌日の十月九日、『東京新聞』によってなされる。続いて『朝日新聞』も、外電を引いて殉職者が出たことを報じた。しかし当時は占領軍の威光がきいていたのか、野党からの反応はなかった。四年後の一九五四年一月、『産経新聞』が掃海艇派遣の経緯について詳細な報道を初めて行なうと、社会党や共産党の議員が国会で追及を始める。しかし吉田総理は「掃海艇が沈没したと言われているが、現在その記録がない」ととぼけた。三月二十九日の衆議院外務委員会では、穂積七郎議員が、元山上陸作戦のときの掃海作業について、「ああいうような場合でも、憲法の範囲内の行動であるというご解釈だとすれば、どこに一体その基準をお求めになったのか、そのことをはっきりしていただきたい」と質問した。これに対し外務省条約局長の下田武三は、次のように答弁した。

「法律的にいいますと、性質の違う二つのことが行なわれておりました。一つは、アメリカの（中略）労務の調達に応じましてアメリカの船が掃海をやるのについて、ただ労務の提供を行なって、アメリカの船が沈んで、労務を提供しておる日本人が死んだ、というのが一つであります。これは個人の自由契約で労務の提供に応じたのでございますから、国家の問題は全然起こりません。

第二の例は、当時占領下にありました海上保安庁に対しまして、連合軍司令部からサービスの提供として、これは個人に対してではなくて、日本政府の機関である海上保安庁に対して機雷清掃のサービスを命ぜられたわけであります。これは占領中でなかったら確かに問題になりうることかと思いますが、何しろ平和条約の第十九条で、戦争中および戦後連合軍側の指令にもとづいて行なわれたことについて、日本側は責任を追及しえないという条項がありますために、こんにち、あれは国際法違反だなどという問題を提起する権利が、日本に実はないのであります」掃海隊の各隊員は、個人としてアメリカ軍に労務を提供したのであれば国家として関知しない。仮に海上保安庁が国家の機関として連合軍司令部から命令を受けて行なった作業だとしても、平和条約で権利放棄をしているから責任を追及できない。そういう主旨である。

掃海隊の隊員にしてみれば、こうした消極的な解釈には抵抗があったろう。MS14号艇で死んだ中谷坂太郎の兄、中谷藤一は、雑誌『潮』の「証言・朝鮮戦争に参戦した日本人」という特集(一九七六年七月号)で、「弟の死は何の意味もないではないか。弟は何のために死んでいったのか」と、疑問を呈している。この発言を引いて船橋洋一は、中谷坂太郎の「戦後における戦死」とジョイ中将の「ウェル・ダン」をつなぐ連関とその意味の不確かさを、戦後日米同盟の不確かさでもあるととらえる。

しかし元山沖の掃海については、もう少し積極的な見方もあった。上記の質疑があった約二年前、一九五二年十二月四日、衆議院予算委員会の席上、中曽根康弘議員が、「(元山における掃海は占領中だから性格が異なるかもしれないが)、今後といえども国連協力という名前で、海上警備隊とかあるいは海上保安庁の船が、掃海とかあるいは海上護衛とか、その程度のことはやらされるのではないか(中略)。一体日本が海上において、国連協力をやる場合には、どの程度でストップできる」のかと質問する。これに対して、岡崎外務大臣は、次のように答弁した。

「少なくとも戦闘自身に参加することがないことは当然であります。従ってわれ〳〵が見て、平和的な仕事と思われるものであるならば、後方の仕事、その他弾薬等の特需に応ずること、それから港のファシリティを利用させること、輸送の問題その他種々のものがありましょうが、できうるかぎり普通の、いわゆる戦闘に参加しない範囲の仕事で、できうるものは協力いたしたい、こう考えております」

日本が国連軍あるいはアメリカ軍の行動に際して、将来協力できること、なすべきことは何か。この時点ですでに、現在の「日米防衛協力についての指針」、いわゆる「新ガイドライン」をめぐるのと同じ争点が議論されている。中曽根議員はこのあと質問を続け、国連協力という名目で日本がずるずると戦争に巻き込まれることへの警戒感を表明した。しかし政府は憲法の範囲内でできることをやると、明言したのである。それは大久保が下関唐戸桟橋で述べたとおり、日本は国際社会における名誉ある地位を、日本人「自らが、自らの努力により、その汗によって」獲得せねばならないという考え方と、軌を一にするものであった。

けれどもこのあと四十年近く、憲法九条をめぐる論争は日本の自衛権をめぐる不毛な議論に終始し、日本が再び掃海艇を海外に派遣して国際安全保障にいささかの貢献をするまでには、長い道のりを必要とする。そして岡崎外務大臣が「でき得るものは協力したい」と述べたその協力の範囲がどこまでであるのか、あるべきなのか、いまだに論争が続いている。

海軍と海上自衛隊をつなぐ糸

米海軍は日本掃海隊の働きを高く評価した。軍人にとって人間は二種類しかない。味方か敵かである。危機にあって頼りになる味方の人間は、何物にも代えがたい。当初の行き違いはあったものの、元山その他の水域で掃海作業を共同で行なった日本の掃海隊は、米海軍将兵にとって信頼できる味方であった。危険をともにし、一緒に汗と血を流した仲間であった。

触雷したMS14号艇の副長大西道永によれば、海に放り出されて三十分泳いだあと、太い腕で引き上げて救助してくれた米海軍設錨船（タグボートの一種）の乗組員は非常に親切であった。自分たちのベッドを明け渡し、遭難した隊員たちを休ませた。その晩は日本人が好きなカレーライスをつくって食べさせた。外米で焚き方が悪く美味いとは言えなかったが、好意は十分に伝わった。

一方、鎮南浦沖に展開した石野指揮官は、米軍指揮官S・M・アーチャー海軍中佐が南部出身の穏やかな落ちついた感じの軍人で、その後四週間、戦場であるにもかかわらず一度も厳しい口調でものを言わず、「やり方は着実で、いつも温容をたたえてい」ることに強い印象を受けた。さらに海州から最後に帰ってきた大賀良平によれば、行くときと帰るときでは、米軍の態度がまるで違ったという。大賀が佐世保に帰投したときには、凱旋将軍のような歓迎を受けた。太平洋艦隊司令部がまとめた朝鮮戦争の戦訓『太平洋艦隊中間評価報告』にも、「連合軍最高司令官の承認を得て参加した日本掃海隊は、作戦の成功に大きく寄与した」とある。

日本掃海隊が接触したのは、米海軍だけではない。石野指揮官はあるとき韓国海軍掃海艇の舷側で、戦前の日本に対して憎悪感を持っている人もいるものの、「私の船では、大部分の人が、韓国の危急の際、協力してくれているあなた方に感謝しています」と、韓国海軍の兵士らしい年配の人から人目をはばかるようにして話しかけられた。仁川・海州方面で掃海に従事したMS07号艇の滋賀指揮官は、英海軍フリゲート艦「ホワイト・サンド・ベイ」の指揮下に入った。最初英人の監督は厳しく、共同で働くというよりは使役されるという感じであった。監視する風もあった。しかし作業を続けるうちに英艦の乗員と家族やガールフレンドのことを話すようになり、互いに気質がわかって関係が好転した。英海軍の士官たちが対等に接してくるようになり、時には敬語さえ使うようになった。

日本掃海隊への信頼と感謝をもっとも強く表明したのは、そもそもこの作戦を計画したバーク少将であった。一九五〇年の十二月十五日、特別掃海部隊解散の手続きを行なったあと、大久保は極東米海軍司令部にバークを訪れる。バークは「大きな体の大きな眼一杯に喜びの表情をたたえて」大久保を迎え、「今回の海上保安庁の業績は高く評価されており、私個人の考えでは、日本の平和条約締結の機運を、ぐっと早める効果をもたらしたと思う」と述べた。そして海上保安庁強化のため渡米し、アメリカ政府やペンタゴンと打ち合わせることを勧める。

大久保はこの助言に従って、翌一九五一年の一月ワシントンを訪れた。バークは「大久保長官のお世話は、ワシントンにいる私の副官にすでに申しつけた」と言って笑ったが、副官とはバーク夫人ボビーのことだった。夫人は大久保の滞在中何くれとなく世話をし、海上保安庁強化のため軍の高官に陳情までしてくれた。

バークが大久保と海上保安庁に示した好意は、日本の掃海艇による活躍なしにはありえなかった。掃海隊を構成した旧海軍軍人の能力と責任感に強い印象を受けたバークは、日本の海上戦力が将来アメリカにとって財産となることを確信したのだろう。バークが海上保安庁の強化だけでなく、翌年海上警備隊創設にあたって並々ならぬ尽力をした背景には、戦後の日本海上戦力が信頼に足るという、ある種の実感があったのだと思う。朝鮮水域で掃海作戦に従事した日本掃海隊の面々は、占領下で身分もはっきりしないままの出撃という難しい立場にあったにもかかわらず、よくその任務を果たした。そして帝国海軍から海上自衛隊へと糸をつなぎ、戦後日米海軍関係の重要な礎石を築いたのである。

V　アーレイ・バークと海上自衛隊誕生

自衛艦「あきづき」

一九九三年（平成五年）十二月七日の午前九時四十五分、海軍式に言えば「マルキュウヨンゴー」ちょうど、海上自衛隊の横須賀基地吉倉《よしくら》岸壁に停泊した特務艦「あきづき」艦上で、「自衛艦旗返納式」という名の式典が始まった。オランダ坂と呼ばれる、艦尾に向かって一部傾斜がつく独特の後甲板上に、「あきづき」乗組員総員、海上自衛隊横須賀総監部の幹部、元艦長、在日米海軍関係者、その他数名の来賓が並ぶ。ゲストのなかにはジェームズ・アワーの姿もあった。「自衛艦旗降下」の号令が下り、背後に整列した海上自衛隊横須賀音楽隊が国歌君が代を吹奏するうちに、艦尾ではためく自衛艦旗、昔風にいえば軍艦旗がゆっくりと降ろされ、作法に従ってていねいに畳まれる。それを士官が押し戴き、数歩進んで艦長に渡し、艦長がさらに横須賀地方総監に返納した。あらかじめ出席者に配られた予定表によれば、自衛艦旗返納は九時五十三分、「マルキュウゴーサン」となっていて、一分刻みで予定を立てるところがいかにも海軍の伝統を受け継ぐ海上自衛隊らしい。そのあと福地建夫海上自衛隊横須賀地方総監と来賓であるジェシー・ヘルナンデス在日米海軍司令官の短い挨拶があり、式典は午前十時に終了。出席者が艦を降りる。

岸壁に整列しなおした音楽隊が「軍艦マーチ」を演奏するなか、今度は「あきづき」乗組員総員が、艦長を最後に隊列を組み、行進しながら艦を降りる。音楽は勇ましいが、水兵さんたちの行進はお世辞にもうまいとは言えず、手足がかなりばらばらである。なかには私と同年輩らしき、中年の兵もいる。隊列が去り奏楽がやむと、式典開始前の静寂が再びあたりを満たした。よく晴れた暖かい冬の朝で、かもめが数羽、近くの海面に浮いている。乗員がすべて退艦し無人になった「あきづき」は、冬の朝日を浴びて輝く。まわりの新鋭護衛艦と比べると古くて小振りだが、長い年月よく働いた艦がもつ威厳があった。

特務艦「あきづき」は、基準排水量二三五〇トン、速力三二ノット、定員三三〇名の護衛艦として三菱造船長崎造船所で建造され、一九六〇年二月十三日竣工と同時に海上自衛隊へ供与された。海自初の二〇〇〇トン級護衛艦として旗艦設備が整っており、二十余年にわたって艦隊旗艦を務めたが、老齢化に伴い一九八四年度末に特務艦に種別変更された。同型艦に新三菱重工業神戸造船所で建造された「てるづき」がある。海上自衛隊の発展とともに歩んできた現役最古参の「あきづき」は、自衛艦旗返納によってその生涯を閉じた。式典はマスコミの注目を浴びることなく、話題にもならなかったが、「あきづき」は海上自衛隊の誕生と発展において米国海軍が果たした役割を象徴する、歴史的な艦であった。

海上自衛隊の歴史を記す『海上自衛隊二十五年史』によれば、「あきづき」は「てるづき」とともに米国一九五七会計年度の米海軍建造予算によって域外調達された。これは米国政府が日本の造船所に艦艇を発注し、完成と同時に海上自衛隊へ供与する方法である。米国側から海上自衛隊に対し域外調達の方針が伝達され、日米政府間でその細目について打ち合わせが行なわれたあと、一九五七年三月末、域外調達契約が結ばれた。この契約に基づき、米海軍から三菱長崎と三菱神戸に発注が行なわれる。いったん米海軍の駆逐艦として登録され、「あきづき」はＤＤ９６０、「てるづき」はＤＤ９６１という、米海軍艦番号がついた。

一九五九年六月二十四日に行なわれた「てるづき」の進水式では、在日軍事援助顧問団海軍部長のヴィージ大佐夫人が、同じく六月二十六日に行なわれた「あきづき」の進水式では在日米海軍司令官ウィジングトン少将夫人が、それぞれ観衆注視のなかで支えていた綱を斧で切り、艦はゆっくりと船台をすべりおりた。翌一九六〇年二月に行なわれた引渡式では、まず建造所から発注者である米海軍に対し、新造艦の完工引渡手続きが行なわれ、米海軍の手により星条旗が掲げられた。引き続き、改めて米海軍から日本側に対し供与艦の引渡しが実施される。星条旗降下のあと海上自衛隊員が乗艦し、新たに自衛艦旗が掲揚され、就役した。自衛艦旗はこれから三十三年間、日米海軍協力のシンボルたる両艦の艦尾に翻ることとなる。

当時は冷戦のまっさかりであった。共産主義と対峙するため同盟国の戦力をできるかぎり増強するのが、アメリカの国家目標だった時代である。駆逐艦を海上自衛隊に供与するのは国益にかなっていたし、この国にはそれだけの余裕もあった。しかしそれでも米国民の払った税金を使って装備品を外国で調達し、その上で外国の軍隊に供与することには、米国議会からの反対があった。その結果、域外調達による艦艇供与は、「あきづき」「てるづき」の二隻が最初で最後となった。

実は海上自衛隊の装備充実を図るため、また日本の造船能力を高めるために、国内の反対を押し切ってまで域外調達を推進したのは、米海軍の最高指揮官である作戦部長アーレイ・バーク大将である。この方式の採用には、バーク大将が草創期の海上自衛隊に示した並々ならぬ好意が感じられる。バークはこの他にも当時の最新鋭対潜哨戒機P2V-7を一六機、それより小型の対潜哨戒機S2F-1を六〇機無償貸与し、P2V-7の国産化にも協力を惜しまなかった。海上自衛隊がいまでもバーク大将を恩人として記憶しているのには、それだけの理由がある。

日本海軍と戦う

一九五五年から異例の三期六年にわたり海軍作戦部長の要職にあったアーレイ・バーク海軍大将は、一九〇一年に、コロラド州ロッキー山脈のふもとに広がる農園で生まれた。米海軍兵学校名誉教授E・B・ポッターが著わしたバークの伝記によれば、父方の祖父は一八五八年にスウェーデンからアメリカへ渡ったパン職人である。元々の苗字はビョークグレンだったが、発音しにくいという理由で入国の際バークに変えられた。当時の移民にはよくある例である。この人は騎兵隊付きのコックとして西部へ赴き、開拓時代のデンバーでパン屋を開く。四人の男子と二人の女子にめぐまれた。そのうちの一人、カウボーイから農民に転じた次男オスカーの長男として生まれたのが、アーレイである。未来の海軍大将は、厳しい労働によって生活を支える堅実な開拓農民の家庭で育った。

バーク家には、息子のために大学の授業料と生活費を支払う余裕がなかった。そこでバークは、最初ウェストポイント陸軍士官学校をめざす。軍の学校ならば授業料がただである。ただし受験には連邦議会議員の推薦を必要とする。あいにく地区選出の下院議員は、推薦する学生をすでに決めていた。バークはメリーランド州アナポリスにある海軍兵学校に志望を変える。こちらの方は運良くその年の推薦枠に空きが出て、試験にも合格した。もしウェストポイントに進んでいたら、海軍士官として後年の活躍はなかった。バークはそれ以来一度として海軍へ進んだのを後悔したことがないと語っている。大陸を列車で横断して兵学校に到着したバークは、一九一九年六月、新入生七〇九人の一人として兵学校へ入学した。

ミッドシップマンと呼ばれる兵学校生徒として、バークはそれほど目立つ存在ではなかった。地方の高校出ということで、多少ハンディがあったのかもしれない。しかし伝統ある兵学校の教育は、みっちりと受け、自分のものとした。アメリカの海軍兵学校では、毎年夏休みに遠洋航海が行なわれる。江田島と同じように、アナポリスの兵学校も海側に正門がある。その沖のチェサピーク湾内に練習艦隊の戦艦群が姿を現し、生徒を乗せて遠洋航海へ向けて抜錨するのも、帝国海軍や海上自衛隊と変わらない。バークの場合、一年目が終わった夏は、パナマ運河を抜けてハワイまで、二回目はヨーロッパ、三回目はカリブ海とカナダのハリファックスが目的地であった。

アナポリスの校舎で、また海の上で、四年間海軍士官としての素養をしっかりと身につけたあと、一九二三年六月七日、バークはクラスメートたちと一緒に帽子を空に投げて兵学校を卒業した。四一三人中七一番という席次であった。当初約七〇〇人いた新入生中卒業できたのが四〇〇人ほどであったことを考えれば、立派な成績である。同じの日の午後、一年生のときからつきあっていた女性ロバータ（ボビー）・ゴーサッチと学校のチャペルで結婚する。級友たちがサーベルを高く掲げて作ったアーチの下をくぐって、二人は教会を出た。これ以後アーレイとボビーは、七十二年にわたって仲むつまじい結婚生活を送る。

兵学校時代は目立たなかったバークが、任官するとめきめき頭角を現した。最初に乗り組んだのは戦艦「アリゾナ」である。持ち前の体力とやる気で艦内のつらい仕事を完璧にやりとげるこの若い士官は、上官の注目を引いた。バークはこの艦で五年間勤務する。異例の長さであった。彼のすさまじい働きぶりを見て、同僚士官たちは「バークは五十になるまでに死ぬだろう。もし死ななければ海軍作戦部長になるだろう」と噂しあったという。

一方、「アリゾナ」が港から港へ動くたびに、ボビーは陸路移動して住みかを定め、夫を迎えた。まだ定期航空の発達していないころである。「偉大な海軍士官の陰には、偉大な海軍士官の妻あり」ということわざがあるそうだが、ボビー・バークは海軍士官の妻として鑑のような女性であった。夫が戦地にあるとき、長く洋上にあるとき、海外勤務につくとき、ボビーは不平一つ言わずに家庭を守った。

このころからバークは日本に興味を抱いていたらしい。一九二九年、一通りの艦隊勤務を終えたバークはアナポリスへ戻り、幹部教育を受ける。そのあと、ミシガン大学で一年間化学を学んだ。ある日、バークの書斎に太平洋とアジアの地図が貼ってあるのを見た級友が、不思議に思ってそのわけを尋ねると、バークは「君、我が国はいつか日本と戦うことになる。そのときにはお国のために太平洋でひと働きするつもりだ。そのためにもこの地域のことをできる限り詳細に頭へ叩き込んでおく必要がある」と答えたそうだ。バークがミシガン大学から修士号を得て無事卒業した、その十年後、彼の予想したとおり両国間で戦争が始まる。
バークの名が内外に知られるようになったのは、戦争中ソロモン海域で縦横の活躍をしてからである。開戦時ワシントンで勤務についていたバークは、艦隊勤務を再三懇願して、四三年の二月、第四三駆逐隊司令としてようやく南太平洋に出る。海軍大佐に昇任したあと、十月第二三駆逐隊群司令に任ぜられた。エスピリトゥ・サント島で旗艦「チャールズ・S・オースバーン」に着任したバークは、集合した傘下の駆逐艦長たちに、かねて用意した戦術書を渡す。その表紙には、こうあった。

ジャップを殺すに役立つなら、重要なり
ジャップを殺すに役立たぬなら、重要でなし
常に貴艦の練成度を高め、戦闘に備えよ
常に補給を怠らず、戦闘に備えよ
常に戦闘準備状況を、上官に報告せよ

バークはリトル・ビーバーズというニックネームがついたこの駆逐隊群を率い、まず十一月二日未明にエンプレス・オーガスタ湾海戦（日本側の呼称はブーゲンビル島沖海戦）で、米軍のブー

ゲンビル島上陸を阻止しようとして現れた日本艦隊と戦う。日本側は軽巡洋艦「川内」と駆逐艦「初風」が沈んだ。石渡幸二の著書『名艦物語』に収められている「チャールズ・オースバーン」の章によれば、バークの座乗するこの艦は第三九機動部隊の先陣を切ってもっとも積極的に戦い、逃げる日本艦隊に最後まで食い下がり、執拗に攻撃を反復した。続く十一月二十五日未明のニューアイランド島セント・ジョージ岬の戦いでは、ブーゲンビル島の北ブカ島からラバウルへ向かう日本海軍駆逐隊を追って、南から急行する。そしてレーダーで敵艦影を捕捉すると、距離六〇〇〇メートルから魚雷を一斉に発射した。この攻撃を受け、駆逐艦「大波」が大爆発を起こし数分で沈没、駆逐艦「巻波」もそのあと沈む。残った三隻の日本駆逐艦は北に変針して魚雷を発射し反攻に出たが、バークは巧みな操艦によってこれを回避したあと、駆逐艦「夕霧」を集中砲撃によって沈めた。

ちなみに「三一ノットバーク」のあだ名がバークについたのは、このときである。ポッターの『バーク伝』によれば、ニューカレドニア島ヌーメアに本拠をおく米海軍南太平洋部隊司令部は、十一月二十四日暗号を解読して有力な情報をつかんだ。日本海軍駆逐隊がブカで陸兵を降ろし、撤退する飛行要員を乗せて、その夜ラバウルへ向かうというのである。出張中であったハルゼー司令官の代わりに指揮を執っていたのは、バークの友人レイ・サーバー大佐だった。大佐は、ブーゲンビル島の南ヴェラ・ラヴェラ島沖を北上中のバークに暗号電報を送り、どのくらいの速度でバーク傘下の駆逐艦五隻が目的地へ着くかを問い合わせる。バークは「三一ノットで航行中」と返電を打った。その内容は"Stand aside, stand aside, I'm coming through at 31 knots."（ソコノケ、ソコノケ、バークガ三一ノットデイクゾ）というものだったという説もあるが、伝記は触れていない。いずれにしても、これに対しサーバーは「三一ノット・バーク、ブカ・ラバウル間の補給線に進まれたし、（中略）敵に遭遇せし時はなすべきことをなせ」との命令を折り返し打電する。ハルゼー提督名で打たれたこの電報が新聞記者にもれ、輝かしい武勲とともにバークの名を一挙に高めた。

実は当時でも駆逐艦は三五ノットまでスピードが出せた。三一ノットは特に速くない。ただこのときバークの隊に一隻エンジンの調子が思わしくない駆逐艦がいて、二つのボイラーをつないでも全速三一ノットしか出なかった。この駆逐艦「スペンス」を追撃作戦へ一緒に連れていくことにしたので、バークは三一ノットと言ったまでである。しかし一般人はそれを知らない。ものすごいスピードのように思い、それがバークの闘争心の象徴となった。

セント・ジョージ岬の戦いには、もう一つ偶然がある。バーク隊群のレーダーによって捕捉され、魚雷が命中してあっという間に沈んだ駆逐艦「大波」の艦長は、昭和十七年（一九四二年）十一月の第三次ソロモン海戦において駆逐艦「夕立」の艦長としてめざましい活躍を見せた吉川潔中佐であった。この戦いで「夕立」が沈み、いったん横須賀に帰った吉川中佐は、兵学校教官の内命を辞退し、新造駆逐艦「大波」の艦長としてソロモンの海へ帰った。そして、翌年セント・ジョージ岬沖の暗い夜の海でバークに一方的な先制攻撃を受け、反撃する機会を得ずに戦死した。「大波」の生存者が一人もいないため、吉川中佐がどのような最期を遂げたかは、わからない。驚異的な操艦術をもち、バークに優るとも劣らない闘志の持ち主であった吉川中佐も、米海軍のレーダーのまえにはなす術がなかった。第三次ソロモン海戦で「夕立」の水雷長を務め、指揮官としての吉川艦長に心服していた中村悌次が、のちに吉川を沈めた張本人であるバークに海上自衛隊の幹部として会いその人格に敬服するのも、不思議な縁である。

第二三駆逐隊群司令在任中、バークは結局日本海軍の巡洋艦一隻、駆逐艦九隻、潜水艦一隻を沈め、飛行機三〇機を落とすという、赫々たる戦果をあげた。さらに翌一九四四年三月、高速空母任務部隊（第五八任務部隊）参謀長へ転出し、マーク・ミッチャー司令官の片腕として終戦まで日本海軍を相手に熾烈な航空戦を戦うのだが、それはこの物語と直接関係がない。

日本人との触れ合い

バークが初めて日本にやってきたのは、朝鮮戦争勃発後の一九五〇年九月である。当時の海軍作戦部長フォレスト・シャーマン大将じきじきの要請で、ターナー・ジョイ極東米海軍司令官の参謀副長として助言を与え、朝鮮半島の戦況をワシントンへ直接報告するのがその任務である。

戦争が終わり、階級はすでに少将となっていた。

バークはこの任務に最初乗り気でなかったらしい。戦争中、大勢の友人や部下が、日本軍と戦って死んだ。真珠湾で沈められた戦艦「アリゾナ」は、バークが兵学校を卒業してすぐに乗り組んだなつかしい艦だった。パラシュートで降下するアメリカ軍兵士を日本軍が撃つのを見たことがある。バターンをはじめ、数々の残虐行為についても聞いていた。直接仕えたウィリアム・ハルゼー提督やマーク・ミッチャー提督が大の日本人ぎらいであり、その影響も受けた。

日本人に対し抱いていた気持ちについては、バーク自身が文章に書いている。この人が自分で筆をとったものは比較的少ないが、一時自伝を書くことを考えたらしい。彼が一九六八年にその年の「もっとも著名なスウェーデン系アメリカ人」に選ばれたとき、スウェーデン系アメリカ人協会が出版したもののなかに、自伝の草稿の一部が収められている。バークはこんなふうに述べる。

「東京へ飛ぶ飛行機の機内で、私は突然(今度勤務する)司令部が東京にあることの意味に思い至った。おそらく日本人とかなりの程度やりとりせねばならないだろう。戦争中の経験からして、日本人はまったく好きでなかった。できる限り彼らと接するのを避けよう、(接するにしても)礼儀正しく、冷たく、なるべく距離を置こうと決意した」

九月三日に東京へ着くと、バークは米軍人の宿舎となっていた帝国ホテルに旅装を解く。ホテルの従業員が、じかに接する初めての日本人であった。しかし多忙であったので、言葉を交わす機会がほとんどない。朝は六時半にホテルを出て、夜は十時ごろ帰ってくる。ただ寝るだけのホテル生活である。部屋は小さくベッドと椅子と鏡台があるだけ。なんだか陰気だった。

そこで一ヵ月ほどしたある日、バークはホテル地下の花屋で花を求め、コップに入れて鏡台の上に置いた。次の夜勤務から戻ると、花は花瓶に移されきれいに飾られている。部屋がずっと明るくなった。その後もときどき新鮮な花が加えてある。小枝の類がほんのわずかというときもあったが、いつも美しく生けられていた。

数週間後バークはフロントで、花を飾ってくれる心遣いに謝辞を述べた。ところがホテル側はそんなことをしていない、米軍から禁じられているという。誰がやっているのかわからず、調査を約束してくれた。しばらくして、それが部屋係のメードの行ないとわかる。

「受付の人が彼女に会わせてくれた。小柄な年配の婦人だった。ご主人が戦争で亡くなったという。一言も英語が話せなかった。私はまったく日本語が話せない。通訳を介して礼を言うしかなかった」

バークはホテルを通じいくらか金を包もうと思ったが、受けとってもらえなかった。金で感謝するのは日本では礼儀に反する。親切には感謝の念を表わすしかないというのである。婦人の給料はごくわずかである。その乏しいなかから外国人のために部屋の居心地をよくしようと花を買ってくれた。彼女の親切に何とかして報いたいと思うのに、ホテル側はそれをわかってくれない。結局いささかの金額を婦人の退職手当用に匿名で寄付することで話がついた。「この小さなできごとをきっかけに、自分の日本人嫌いが正当なものかどうか、考えるようになった」とバークは述べる。

一九五〇年十一月末の中国軍参戦によって国連軍が退却を余儀なくされたとき、バークは朝鮮半島へ視察に出かける。前線は寒くて不潔でどろどろのぬかるみであった。風呂がなく、ひげを剃れず、ほとんど眠れなかった。約一週間後、バークは疲れ切って東京に帰ってくる。チェックインをすると、前とは違う別の部屋に案内された。特に気にも留めなかった。部屋に入って汚れ切ったブーツを脱ぎ、外套を放り投げ、風呂に入る支度をしていると、ドアをノックする音がする。開けると、前に泊まっていた階で働く顔見知りの若い男性従業員が立っていた。

「挨拶を交わしながらなぜ会いに来たのかと訝っていると、あなたが家に帰ってこられないのでみんな残念がってますと言う。この従業員は元の部屋こそが私の帰るべき家だと思っているらしい。そういうことならばと、フロントといささかの交渉を二人で一緒にして、私は元の部屋を取りかえすことができた。上がっていくと、その階で働く者全員が部屋の前に集まり、暖かい茶の入った急須を用意して帰宅を歓迎してくれたではないか。疲れ切っていた私は、不覚にも涙が出そうになった。アメリカ人の迎えはまったくなかった。誰も私が無事帰ってきたかどうか気にもしていなかった。けれどこの日本の人たちは、私の帰宅を歓迎すべきであり、他に誰もやらないなら自分たちが出迎えをするると真面目に考えたのだ。私は当時そう感じたし、今でもそう思っている」

こうした「おやっ」と思うことが、日本人と接触するうちにたびたび起こったので、この人たちが必ずしもどうしようもない連中ではないのではと思いはじめた。バークはそう述べる。

ポッターの著わした伝記にも、バークと日本人との交流について描かれている。極東米海軍司令部には、バークと兵学校同期のエディー・ピアス大佐という語学専門士官がいた。この人は戦前中尉のとき米海軍から派遣され三年間日本で暮らした経験があり、日本海軍の人たちと親しかった。ある日ピアスがバークに、草鹿任一という名前を記憶しているかと尋ねる。バークはもちろん覚えていた。会ったことはないが、バークがソロモンの海で駆逐隊群司令として戦ったときの、ラバウル方面海軍最高指揮官であった。仲間を殺した航空機や艦船を、ラバウルから派遣した張本人である。バークのほうでも、草鹿の艦を数隻沈めていた。ピアスはその草鹿が公職を追放され、困窮していると話した。鉄道工事の現場でつるはしを振り生計を立てている。奥さんは街角で花を売っている。食べるものさえこと欠く生活らしい。何とかしてやれないだろうか。バークはピアスに助ける気がないと答えた。「飢えさせておけ」。しかし冷静になって考えると、四年間あれほど勇猛果敢に戦った日本海軍の提督が、戦争が終わったとたん同胞に後ろ指を差され腹をすかせているというのは、正しいことではない。そう思い直すと、バークは匿名で草鹿に食料品の詰め合わせを届けさせた。

数日後バークの執務室のドアが突然開いて、小柄な日本人が喚きながら飛び込んできた。草鹿である。バークは何事かと思い、引き出しのピストルに手を伸ばす。変なまねをしたら撃つ気であった。急いで呼ばれた通訳を通して、草鹿は言った。「侮辱するのはよせ、誰の世話にもならない。特にアメリカ人からは何ももらいたくない。アメリカ人とは関係をもたない」。それだけ言うとプンプン怒りながら出ていった。バークは提督に好感を抱いた。自分が彼の立場であったら、まったく同じことをするだろうと思った。

一九五〇年十二月二十六日、バークはピアスを通じて、草鹿任一、富岡定俊、坂野常善という三人の旧日本海軍提督を、帝国ホテルでの夕食に招待した。彼らはすり切れた正装で現れる。ひどく固くなっていた。ピアスは彼らが占領軍から呼び出しを受けたと思っている、だからよそよそしいのだと、バークに伝えた。バークはウィスキーをふるまう。しばらく飲んでいないだろうからと、日本酒の杯に注がせた。客たちは最初ことわったが、ピアスが失礼だからとさとすと、少しずつ口に運んだ。

しばらくすると酔いが回っていい気分になってくる。提督たちの舌が滑らかになりはじめた。実は三人とも英語が話せた。草鹿は戦前ロンドンの駐在武官を務めた経験があり、一番英語がうまかった。食事が終わったあと、バークが乾杯を提案した。すると草鹿が立ちあがり、杯を掲げてこう述べた。

「今日招いてくださったご親切なバークさんに乾杯をしたい。もうひとつ、自分が十分任務を果たさなかったことにも乾杯しましょう。もし任務を忠実に果たしていたら、この宴の主人を殺していたはずだ。そうしたら今日のおいしいステーキは食べられませんでした。では乾杯」

こうしてみんなが杯を飲み干すと、バークが続けた。

「私も自分が任務を果たさなかったことに乾杯したいと思います。任務をきちんと果たしていれば、草鹿提督の命は頂いていたはずで、今日のすばらしいステーキディナーを誰も食べられなかったからです」

みんなが笑い、氷のようだった空気はすっかり暖かくなっていた。「日本との戦争は、バークにとってこうして終わったのだ」と、ポッターは記す。

日本滞在中のバークにもっとも大きな影響を与えたのは、開戦前夜駐米大使を務めた野村吉三郎元海軍大将である。ホテルでのできごとをきっかけに、バークはこの国のことをもう少し知りたいと思った。日本人の哲学と論理は何なのか。何が彼らを万歳突撃に駆り立てたのか。どうして日本人は自分たちどうし、あるいは外国人に対して、こんなに礼儀正しいのか。あれほど荒々しい戦い方をする人々が、他人の気持ちになぜこれほど気を使うのか。中国人や朝鮮人とはどこがどう違うのか。誰か自分にこれらのことをわかりやすく説明してくれる人はいないだろうか。ピアス大佐に相談すると、野村を推薦された。

バーク自身の文章によれば、野村はバークを最初自宅に招き、着物を着せ、畳の上に座らせた。野村は机の上に大きな朝鮮の地図を広げ、日本の朝鮮統治の歴史と、なぜそれがうまく行かなかったかを説明する。そして地図を十五分間集中して見つめ、できうるかぎり多くを記憶するようにと言った。そのあと今度は地図をどけて、覚えたことを現在の戦争と関連づけて考えるようにと命じる。沈黙のなかでさらに十五分ほど経ったとき、バークは少し足を動かした。すると野村が言う。「どうしたのかね」。

「足がしびれたので動かしましたと私が答えると、野村は言った。それが君の最初の教訓だ。朝鮮半島の地図を思って集中していたら、しびれなど感じなかったはずだ」

こうして戦争に負けた国の引退した老海軍大将と、戦争に勝った国の前途ある海軍少将のあいだで、交流が始まった。日本に滞在した約九ヵ月のあいだ、バークは忙しい合間を縫ってほぼ一週間に一度野村に会う。野村はバークに、地理や天候そして国民性といった、いつの時代にも変わらぬ要素がいかに重要かを教えた。「国連軍が鴨緑江に近づいたら中国は参戦するだろうか」とある日バークが尋ねると、野村は「必ず参戦する、奇襲攻撃をかけるために密かに参戦するだろう」と、確信をもって答えた。周恩来がインドでのスピーチで警告しているではないか。国家は狼のごとくだ。隅に追い詰められたら必ず激しく抵抗する。バークはその内容を国連軍の情報担当者に知らせたが、誰も耳を貸そうとしなかった。そして野村の予言は一〇〇パーセント正しかったと、バークは記す。

翌一九五一年五月はじめ、バークは第五巡洋艦戦隊司令官に転出し、パールハーバーに飛んで旗艦「ロサンゼルス」に座乗する。「ロサンゼルス」は日本海へ向かい、六月には日本の領海に入った。バークは野村を艦上の晩餐会に招いた。野村を迎えて握手するバークの写真が残っている。七月、バークは朝鮮戦争休戦交渉に軍事休戦使節団の一員として参加するため、艦隊を離れる。その任務も終えて彼が羽田からワシントンへ飛び立ったのは、その年の十二月である。再びバーク自身の言葉を引こう。

「飛行機の出発は午前二時であった。空港には誰も送りにこなかった。こんな時間に来るのは大変だから、期待もしていない。日本にはまだ自動車が少なく、公共交通機関も完全には復興していなかった。ところが午前一時半ごろ、おどろいたことに野村提督が姿を現したではないか。提督はすでに七十歳代の老人である。それにもかかわらず、都電と鉄道を乗り継いで、最後は数マイル空港まで徒歩で、私を見送りに来てくれた。野村提督を敬愛する理由は他にもたくさんあったが、この夜の提督は、あしかけ二年のあいだに出会った多くの日本人、私が戦ったあの日本人の典型であった。いかなるアメリカ人よりも思いやりに満ちているという意味で」

二人の親交は、バークがアメリカへ帰ってからも続いた。バークが日本にやってくると野村が歓迎し、野村がアメリカへ渡るとバークがもてなした。野村の長男夫妻がアメリカに留学したときには、バーク夫妻が彼らを厚く遇している。一九六一年に八十三歳の野村は、「皆さんにお別れを言いに来たのだよ」といってワシントンをもう一度訪れる。そして市内北西部の丘の上にあるバーク海軍作戦部長の官舎に宿泊した。当時防衛駐在官として同地にいたのちの海上幕僚長石田捨雄は、野村を迎え官舎へ送っていった。ちょうど人間ドックに入っていたバークは、病院を抜け出して野村が着くのを待っていた。到着した野村が出迎えたバークと抱き合うようにして握手を交わし親愛の情を示すのを、石田は間近に見た。野村はバークに向かって一言も英語をしゃべらない。「おお、やあ、バークさん、しばらく」と日本語で話しかけ、バークはそれをにこにこ笑って受けていたという。

野村は一九六四年に亡くなった。アワーの著書『日本海上兵力の戦後再軍備』にバークが寄せた序文には、「野村提督が亡くなったとき、私は生涯最良の友を一人失った」とある。

バークと海上自衛隊の誕生

バークは日本滞在中、海上自衛隊の前身である海上警備隊の誕生にあたって大きな役割を果たす。敗戦とともに海軍は解体されたが、戦前の英米協調派を中心とする海軍指導層は、将来の海軍再建を期していた。海軍省を引き継いだ第二復員省内部では、密かに再建計画の作成が行なわれる。しかし戦後しばらくは、海軍の再建など夢にしか過ぎない。一九四八年五月に海上保安庁が発足し、最小限の武装を許された巡視船が海上の治安維持にあたるようになったときでさえ、日本海軍の復活につながるとして、占領行政を監督する対日理事会や極東委員会の席上でソ連が反対し、イギリス、中国、オーストラリアの代表も警戒感を表明した。占領軍総司令部内でも、民生局が当初反対の立場をとった。

戦後日本へ進駐した米海軍は、しばしば米内光政、山梨勝之進、野村吉三郎など海軍の良識派といわれた指導者を宴席に招き、鄭重に遇した。日米海軍間には戦前活発な交流があった。たとえば海軍作戦部長をつとめたウィリアム・V・プラット大将は、一九二九年練習艦隊司令官として野村が米国艦隊旗艦「テキサス」を訪れたとき、同艦隊長官であったたし、連合軍総司令部最初の海軍代表ベアリー少将は、そのとき長官の副官を務めていた人物である。一九三一年から三二年にかけて第一次上海事変が起こったとき、作戦部長になっていたプラットは、ワシントン駐在の海軍武官下村正助大佐と夕食を共にする。そして日本海軍はなぜ野村を上海に派遣しないのかと尋ねた。下村は早速本省に電報を打ち、米海軍の意向を伝える。東京の海軍首脳はこの意向を尊重し、野村を上海に派遣した。その結果、事変が日米関係に悪影響を与えることはなかった。日米海軍間には、このように緊密な意思疎通があった。

こうした戦前のつながりがあればこそ、野村はベアリー少将はじめ米海軍の友人たちと会うたびに、日本海軍再建の構想を語った。彼らは共感を示しはしたが、具体的な動きにはつながらない。海軍軍人同士の友情はあっても、アメリカ側はまだ、日本の再軍備を真剣に考えていなかった。

米側の態度が微妙に変化しはじめるのは、朝鮮戦争が勃発する前後である。アワーの研究によれば、すでに一九四八年の終わりごろ、米国国家安全保障会議が日本における軍事能力拡張を秘密裏に推進するとの決定を下し、翌年日系の米民間人を極東米海軍司令部に送り込んだ。そしてこの人物が一週間に二回、海上自衛隊発足後第二代の海上幕僚長となる長沢浩元海軍大佐と会い、日本語で情報関係事項や再軍備について旧日本海軍士官たちの考えを聞いた。

一九五〇年六月朝鮮戦争が勃発すると、マッカーサーは警察予備隊の発足ならびに海上保安庁の八〇〇〇人増強を、日本政府に対して書簡で指示する。続けてその秋、吉田茂総理が米側要人を招いた席で、極東米海軍司令官ターナー・ジョイ中将が、野村に向かって語りかけた。「ソ連から米国に返還されたフリゲート艦（PF）が一八隻ある。これを日本に貸与してもよい」。同じころ、日本へ着任したばかりのバークが大久保海上保安庁長官に、「ソ連に貸していたフリゲート艦をとりもどすので、海上保安庁の任務に提供してもよい。その使用の方途を研究するように」と話を持ちかけている。

その冬、朝鮮水域における日本掃海部隊の活躍を喜んだバークは、大久保にワシントンを訪問して海上保安庁強化を陳情するように勧め、翌年一月大久保はそれを実行に移す。大久保はペンタゴンで、巡視船の速力（一五ノット）ならびに船型（一五〇〇トン）制限の撤廃、大砲の搭載、アメリカのフリゲート艦提供、浮遊機雷監視用航空機保有などを要請した。これらの要求はバークからの根回しもあって、ことごとく承認されたという。

一方、一九五〇年六月にはジョン・フォスター・ダレス米国務省顧問が来日し、吉田首相と講和ならびに再軍備について話し合った。バークが大久保の海上保安庁強化案を支持していたことなどからみて、この時点ではアメリカ側に、日本海上兵力別途創設の意図はない。再軍備構想も、陸上兵力増強が中心のようだった。

この事態に危機感をつのらせたのが、海軍再建をめざす日本海軍の元指導者たちである。野村と近い立場にあり米内光政海軍大臣のもとで最後の軍務局長をつとめた保科善四郎元海軍中将は、そのあたりの事情について「我が新海軍再建の経緯」という手記を残している。これによると、朝鮮戦争勃発に伴い再軍備の動きが出てきたが、「米国の意向として伝へらるる所に依れば海、空軍は米国側にて引受け陸軍丈《だ》け再建する方針の如く、斯《か》くては陸軍独走の苦い明治、昭和の歴史を繰り返す虞《おそれ》あり、陸、海、空同時再建の必要を米国側に理解せしむる必要ありとし、其運動の開始に努力することとなった」とある。

一九五一年一月十七日、保科は野村を自宅に訪ね、自らの危惧を伝える。これに対して野村は近く再来日するダレスと面会すべく努力していることを明かした。それを受けて保科は、ダレスに申し入れるべき内容を盛り込んだ海軍再建に関する意見書を、野村のために用意すると約束した。

野村はまず根回しのため、一月二十二日ジョイ極東米海軍司令官を訪れ、新海軍再建案を示す。この案は、第二復員省の仕事を引き継いだ厚生省復員局残務処理部内で前年十月旧海軍関係者が作成した、再軍備に関する研究資料をたたき台としたものである。同研究資料によれば、軍は陸軍と海軍の二本だてとし、海上兵力は巡洋艦二隻、駆逐艦一三隻をふくむ総隻数二七五隻、二一万トン、兵力約三万四〇〇〇人となっている。ジョイは提示された再建案の規模に驚きを示した。そして自分は総司令部から日本海軍再建について任されているけれども、米海軍は西太平洋の制海権を確保する方針であり、この海面を去る意思がない、再建日本海軍については横須賀に繋留中のフリゲート艦を基幹とするコーストガードくらいの規模を考えていると述べた。野村がさらに詳細を計画の策定者から説明させたいと申し入れると、ジョイはバークを指名し紹介する。

野村に指名されてバークへの説明に当たることになった保科は、まず旧友エディー・ピアス海軍大佐に再建案を示し、バーク少将の人となりを尋ねた。ピアスは、「彼はファイティング・オフィサーでありシンシャーでエーブルで級友の評判の良い方である」と説明し、次いで電話にて保科を紹介し「保科とは二十年来の知友であり信頼し得る人物で海軍はもちろん部外の評判も良い、胸襟を開いて話されたい」とバークに伝えた。ピアスという人は海上警備隊誕生史の節目節目で、重要な役割を果たしている。

保科が初めて正式にバークと面会したのは、一月二十三日である。バークは保科を「頗《すこぶ》る慇懃に接待」した。保科は再建案をバークに示す。このときの内容は復員局作成の研究資料よりさらに増大している。護衛空母四隻、潜水艦八隻、巡洋艦四隻、総隻数三四一隻、総トン数二九万二〇〇〇トン、海空軍機（海軍航空隊航空機のことだろう）七五〇機。戦前の海軍に比べればどうということはないが、ネイヴィー相応の規模を考えたことがわかる。

これに対しバークからいくつかコメントがあった。海空軍を必要とする理由を明記せよ。海軍整備の実際計画を記述せよ。米海軍としては横須賀に繫留中のフリゲートなどをなるべく早く渡すよう、海軍省に申し入れる。海軍の任務をもっと具体的に記述すること。海上にはよく訓練された士官を要する理由を明記せよ。これは文官にはわかりにくいから、はっきり書け。一々もっともな指摘であり、反応はおおむね好意的であった。二十九日、保科はバークのもとに修正案と兵力配置図を持参する。バークは一覧のあと、“Excellent and Perfect” と賞賛した。保科がこの反応を野村に報告すると、大変喜んだという。

一月末再来日したダレス特使に当初会えなかったので、野村は私信をしたため海軍再建計画の修正案と一緒にダレスの秘書フィアレーを通じて届けた。ダレスの随員に海軍の代表がおらず、特使は陸軍の再建だけ考えているとの情報がもたらされ、野村は少し気弱になる。しかし二月三日シーボルト大使邸で催されたカクテルパーティーの席で特使と初めて会ったとき、修正案の礼を述べられ、気をよくした。修正案は二月九日、吉田首相にも届けられる。

その後保科はバークに会って、ダレス特使は陸上兵力しか考えていないのではと懸念を表明する。バークは、ダレスは再軍備の細目にまで手が届いていない、自分はダレスの随員であるジョンソンに日本のような島国は英国と同様海軍と海軍航空隊が国防上絶対必要だと話したが、反論はなかった。野村修正案はジョイ司令官名でシャーマン作戦部長あてに送り、すでに同意を得ている。正式のルートで回答があるだろうと伝えた。そして日本海軍の再建は、「米国の利益ともなり又日本の為にもなると思ふと云う根本的の考の下に相互信頼の上に立てる良い日本海軍の再建を力説した意見を作戦部長に対し提出した」と付言した。

アワーの研究によればバークは三月に一度ワシントンへ戻り、ラッドフォード大西洋艦隊司令長官と会って、ソ連から返還されたフリゲート艦を日本に使用させる件について話し合った。ラッドフォード司令長官には日本海軍の必要性を強調し、新日本海軍が掃海艇と哨戒艇で出発すべきという自分の考えを述べたと、バークは同地から東京のジョイ極東米海軍司令官あてに送った書簡のなかで述べている。ワシントン滞在中、おそらくシャーマン海軍作戦部長ともこの件について語っただろう。

東京へ戻ったバークは、三月三十一日、日本政府が野村修正案に同意ならば米海軍は野村バーク案にて進めるとのシャーマン作戦部長の意向を、保科たちに伝えた。ところが大蔵当局が同案発足後の維持費に問題ありとして、同意しない。国の財政を預かる立場としては、まだとても海軍を維持できないと考えたのであろう。このため米海軍の好意的提案を無にすることとなった。保科は「我国の将来を考え遺憾極まりなし」と述べている。

この事態にもかかわらず、バークは野村たちの活動の支援を熱心に続けた。四月三日保科邸で野村とピアスを交え懇談したときに、バークは、「日本海軍の建設に適当な海軍士官を一〇人ぐらい出してもらうよう一案を海軍省に提出してある。同意を得ればジョイ司令官からマッカーサーに相談し、日本海軍士官を入れて共同で計画と訓練を行なうための部局を作り、将来の海軍省の基幹としたい。自分はもうすぐ巡洋艦戦隊の司令官として日本を離れ、その後秋にはワシントンへ戻るが、そうしたら海軍省で実現に努力する」と述べた。

これより少し前に、バークは「船舶の護衛、哨戒、掃海および漁船の保護などの業務を計画しかつ実施するための機構制度に関する研究」を提出するよう、日本側に申し入れていた。これに応える形で四月十八日、野村からジョイへ、保科からバークへ、復員局で完成させたばかりの第二次研究資料が届けられる。本資料は艦艇、航空機、武器および弾薬をアメリカから一時貸与してもらい、要員、給料、弾薬以外の補給物資を日本が負担して、将来の海空軍の母体とすることを提唱していた。そして本計画実現の方法には、独立した戦力機関、海上保安庁の外局、極東米海軍司令部の編成指揮下に置く機関という三つの方法があるが、第一案が理想的で、第三案は望ましくない、第二案がもっとも実現性があると記した。日本側はもし独立組織を創設するならば、憲法に抵触しないこと、外国、少なくとも西側諸国の正式な同意を取りつけること、議会の承認を得ること、自主独立のものたるべきこと、旧海軍から人を得ること、米軍に連絡参謀を派遣し日米合同研究委員会を設け、米海軍と緊密なる連携を維持することなどを強調した。

バークはこの計画に大いに感銘を受け、四月二十二日、七ページに及ぶ書簡に日本側の新しい案を添付して、海軍作戦部長の部下である国際部長のジェームズ・サッチ少将に送った。そして少将に作戦部長への説明を要請する。書簡のなかでバークは「この問題はいつかは我々が直面しなければならないものである。早く取り組めば取り組むほど、アメリカにとってより有利な結果となろう」と述べた。日本側の三案については、「新日本海軍は必ずしも海軍と呼ばれる必要はない。沿岸警備隊あるいは海上警察、またはその他の名称であってかまわない」。四、五人のアメリカ海軍士官と約一〇人の日本海軍将校で日米合同研究グループをつくり、小規模な日本海軍の創設について研究、計画、指導をさせよう。「これらの旧日本海軍将校グループは、新しい日本海軍省の中核となるであろう。合同グループはまず第一歩として小規模の海上部隊――おそらく六隻を越えない哨戒艇と小規模の将校下士官兵訓練学校を設立するであろう」と付け加えた。

ここまで尽力したあと、五月はじめ、第五巡洋艦戦隊司令官に任命されたバークは東京を去る。九月には対日講和条約と日米安全保障条約がサンフランシスコで調印された。その一ヵ月後の十月十九日、総司令部を訪れた吉田首相は、最高司令官リッジウェイ陸軍大将に対し、横須賀に繋留されているフリゲート艦受け入れの意思があることを正式に表明する。すでに一年前、野村と大久保に打診のあった、ソ連から返還された艦である。翌日、岡崎勝男内閣官房長官は、山本善雄元海軍少将と柳澤米吉第二代海上保安庁長官を官邸に招く。そして貸与舟艇の受け入れと運用態勢確立のため、旧海軍から八名、海上保安庁から二名、計一〇名からなる委員会をもうけ、政府の諮問に応じて欲しい旨を伝えた。

こうして発足したのがいわゆるY委員会である。この委員会では、新しい組織を海上保安庁から独立したものとするかどうかについて、何回もやりとりがあった。そして翌一九五二年四月、海上警備隊がとりあえず海上保安庁の付属機関として発足した。同年八月、海上警備隊は海上保安庁から独立し、警察予備隊とともに保安庁警備隊となる。海上保安庁の航路啓開部門、つまり朝鮮水域で活躍した掃海部隊は、警備隊に吸収された。さらに講和条約発効後の一九五四年七月、海上自衛隊として再発足する。野村たちが夢見た海軍再建は、こうしてようやくその第一歩を踏み出した。

海上自衛隊の誕生は、無論バークの好意だけで実現したものではない。そこには日米関係者のいろいろな思惑があり、駆け引きがあり、国際政治の流れがあった。そもそも日本掃海部隊が朝鮮水域で活躍したあと、バークはしばらく海上保安庁強化をめざす大久保長官を後押ししていた。将来の日本海上戦力がいかなる性格のものであるべきか、米側でも議論があり、米国のコーストガード関係者は海上保安庁の強化案を支持した。バークが新海軍再建の動きに直接関わったのは、一九五一年の一月から四月までのわずか四ヵ月であって、Y委員会の討議がなされたときには、もう日本にいない。

しかし一九五一年に入り保科と会ってからは、バークは一貫して海上保安庁とは別個の海上戦力創設を支持した。保科の手記によれば、バークはコーストガードを強化しても海軍の再建にはならないという意見を、たびたび述べている。もちろんだからと言って、バークが野村や保科の考えたようなフルネイヴィー創設を肯定したわけではない。彼はもっと小規模な海軍再建を考えていたようである。発足した海上警備隊は、まことにささやかなものであった。

それでもなお、自分たちの主張を好意的に受けとめ、それをワシントンの海軍中枢に伝えてくれるバークがいなかったら、保科たちがもくろんだ独立した新海軍の再建は実現せず、日本は海上保安庁だけを保有するようになったかもしれない。海上警備隊の形態を最終的に決定したのはY委員会だが、そこに至るまでの道筋をつけたという点で、バークの功績は大きい。

海上警備隊発足に一役かったことは、バークにとってもよい思い出になった。このころのことを、バーク自身はのちにこう記す。

「(海軍関係者との議論のなかで) 私は日本が本土と重要な海上交通路を防衛するために、十分な規模の海軍を保有すべきだという、自己の見解を披瀝した。そう主張したのは、何も日本のためではなく、合衆国のためである。日本が自らの防衛力を有することは、自由世界と合衆国の利益にかなう。なぜなら合衆国が日本を守れないときが必ずくるからである。私は合衆国と日本が友好国であり同盟国であるべきだと信じた。(中略) 世界のために貢献するには、他国に影響を及ぼし得るよう、経済、軍事、政治の各分野において強力でなくてはならない。三つすべてが必要である。どんな国も他国に完全に頼りきるべきではない。もしそうすれば強国の属国になるしかなく、何ら進歩に貢献できないであろう」

また『海上自衛隊二十五年史』に寄せた序文のなかで、バークは「私の生涯でもっとも楽しかった経験の一つは、多大なる尊敬を寄せるようになった人々と一緒に、日本に適した海上防衛戦力の概要につき議論したことである。そのなかには、野村吉三郎大将、保科善四郎中将、長沢浩海将、中山定義海将、そして大久保武雄氏がいる」と述べている。

さらにアワーの著書、『日本海上兵力の戦後再軍備』に寄せた序文には、こうある。

「どんな軍隊にとっても一番重要な要素は幹部の品格と能力である。私は日本が、まず最初に、きっかり十人の最も優秀な帝国海軍士官を選び、新しい海軍を創設すべきだと助言した。日本はそれを実行に移し、それゆえに今日、日本海軍は精強である」

バークが海上自衛隊生みの親の一人といわれるのは、このような事情によるものである。

一海軍軍人の死

バークは日本を去ったあと、一九五五年、米国海軍作戦部長に就任する。先任九二人を追い越しての大抜擢であった。作戦部長在任中も、バークは日本と海上自衛隊に好意的である。艦艇や航空機の供与などにより海上自衛隊の装備充実に協力したし、米海軍大学に留学生を受け入れるコースを開いた。内田一臣や中村悌次など、海上自衛隊の将来の指導者がこの制度を通じてニューポートへ留学した。バークは何度も日本を訪れ、野村をはじめ日本の友人と旧交を温めた。日米修好百年を記念して一九六〇年九月に皇太子夫妻がワシントンを訪れたときには、空港まで迎えに出る。ナショナル空港で公式のステートメントを読み上げるまだ若い皇太子殿下のすぐ後ろに、ただ一人の軍人である背の高いバークが制服姿で立ち、両殿下を見守る写真がある。

海軍作戦部長を異例の三期六年務めたあと、バークは一九六一年八月に退役する。もう一期やってほしいとケネディー大統領から頼まれたのだが、断わって後進に道を譲った。

退役してからも、バークの海上自衛隊との縁は薄れなかった。海上自衛隊の練習艦隊が米国東海岸に寄港すると、頼まれて都合五回練習艦を訪れ、実習幹部に講話をした。あるとき練習艦隊司令官が、日本への帰路初任三尉に遠洋航海中の所見を書いて出させた。すると一人が「日本にはどうしてああいう偉いアドミラルがいないのか」と書いてきて、教官たちを参らせたそうだ。

ちなみにソロモンの海で戦った草鹿は、バークを自らが主宰するラバウル会に呼んで、靖国神社で遺族に話までさせている。戦争中、日本海軍の大型曳航船「長浦」は、ラバウルから飛行要員を載せて撤収する途中、バークの駆逐隊群に見つかり、撃沈された。降伏勧告を拒否し、まったく勝ち目がないのに機関銃で応戦して船を沈められ命を落とした船長の勇気をたたえ、バークは救助した捕虜とともに艦上で一分間の黙禱を捧げた。このことを知ってラバウル会のメンバーは感激し、バークを招いたのである。

海上自衛隊はバークの功績を忘れないために、海上幕僚長が訪米するたびに表敬訪問をした。また歴代の防衛駐在官が誕生日になると自宅に花を届けて祝った。晩年のバークは、米海軍よりも海上自衛隊のほうが自分を大事にしてくれると冗談を言っていた。ちなみにロンドン軍縮会議で活躍し英国海軍の面々に感銘を与えた山梨勝之進大将を、戦後歴代の在京英国海軍駐在武官が大変大事にしたという。国が違ってもそういうことをやるのが、海軍の文化である。

一九八九年九月には、バークを隣に立たせたバーク夫人ボビーがシャンペンを割って、イージス駆逐艦「アーレイ・バーク」を進水させた。生前に自分の名前が艦名となったのはバークが三人目、その進水式に本人が立ち会ったのは初めてだという。

一九九六年一月一日、肺炎をわずらったバークは、ワシントン郊外ベセスダの海軍病院で静かに息を引き取った。九十四歳であった。『ワシントンポスト』はバークの死を一面で報じた。葬儀は海軍兵学校のチャペルで行なわれた。卒業の日、バークがボビーと結婚式を挙げた同じ場所である。クリントン大統領がボビー夫人の傍らに座り、海軍長官、海軍作戦部長はじめ各界の代表、バークの兵学校クラスメートや戦友が出席して、この英雄の冥福を祈った。大統領はその日、海に出ている「アーレイ・バーク」級駆逐艦のすべてとバークが指揮した第二三駆逐隊群の全艦艇に、正午から五分間三一ノットで航走するよう命じた。

バークの葬儀に参列した数人の日本人のなかに、海上自衛隊を代表する石田捨雄元海上幕僚長の姿があった。石田はバークが海軍作戦部長であった最後の時期に防衛駐在官としてワシントンで勤務し、たびたびバークに会っている。引退後も交流があった。海自から頼まれて急遽ワシントンへ飛んだ石田夫妻は、まず海軍病院近くにあるフュネラル・ハウスで行なわれた通夜に出席する。エスコート・オフィサーに案内されて棺の前に立った。バークの死顔は端正で威厳に満ちていた。拝礼して改めて棺の中を見ると、胸に真っ赤な綬がついている。伸びあがって見ると、一九六一年に日本政府が贈った勲一等旭日大綬章である。他の勲章はどうやらつけていないようだ。外国の勲章は棺外側の台の上にずらりと並べてある。副官に聞くと、日本の勲章を胸につけるのはバークの遺言によるものだった。

実はバークはこの勲章を一度紛失している。あるところで展示中に、盗まれたのである。バークが非常に心痛していると聞いて、海上自衛隊関係者が募金をつのると、たちどころに一〇〇万円ほどが集まり、総理府賞勲局に再交付してもらってアメリカへ送った。バークはこのことをたいそうよろこんだという。

翌日の葬儀ではもう棺の蓋がしまっていたから、バークの胸に勲章がついたままであったかどうか石田が確かめるすべはなかった。ただ私がその後ほどなく訪れた、ワシントンにある海軍博物館のバークに関する展示には、各国の勲章が並ぶなかで日本のものだけ抜けていたから、そのまま葬られたのだろう。

チャペルでの葬儀が終わったあと、バークの棺は六頭の黒馬が引く柩車で墓地まで運ばれた。葬列には、イージス艦「アーレイ・バーク」の乗組員が加わった。墓地につくと、棺は地中に埋葬された。一九発の弔砲が轟き、水兵がライフルを空に向かって撃ち、上空をF－14型艦上戦闘機四機が編隊を組んで低く飛んだ。

こうしてバークは愛する海軍兵学校の地で、かつての敵であり海上自衛隊の創設に関わった日本の勲章を胸に眠る。大柄なバークにふさわしい大型の墓石には、上半分にイージス艦「アーレイ・バーク」の写真が飾られ、その下にはバークの名と「合衆国海軍」「セイラー」という文字、そして生没年月日が、続けてまだ存命の夫人の名と「セイラーの妻」という文字とが、刻まれている。

VI　ミスター・ネイヴィーと増岡一郎

増岡との出会い

アワーが知り合った多くの日本人のなかで、ミスター・ネイヴィーと呼ばれた人物が一人いる。衆議院議長の秘書官や公邸長を長年務めた増岡一郎である。アワーの記憶によれば増岡と初めて会ったのは、海上自衛隊誕生の経緯について日本で調査をはじめた昭和四十五年（一九七〇年）の秋、九月か十月だった。アワーが泊まっていた米軍施設山王ホテルのラウンジに腰かけて何人かの人々と談笑していると、増岡が偶然通りかかる。増岡と旧知の仲で当時米国大使館の海軍駐在武官補佐官を務めていたアラン・バス中佐が、この人は帝国海軍のビッグファン（礼賛者）だと言ってアワーに紹介した。アワーは数日後増岡に電話をかけ、翌週再び山王ホテルで夕食を共にする。内田一臣海上幕僚長の副官今泉康昭三等海佐と、内田に命じられアワーの世話役を務めた一人玉井晃一等海尉が同席した。増岡は海軍のことを、それも帝国海軍のことを、一人でしゃべりまくった。アワーが「増岡さんは私が会った他の誰よりも海軍のことをよく知っていますね」とほめると、今泉三佐が、「アワーさん、我々がなぜ増岡さんのことをミスター・ネイヴィーと呼ぶか、これでおわかりになったでしょう」と、口を挟んだ。

これ以後、アワーは調査を続けるに当たって増岡の力を大いに借りることとなる。四十六年の一月、増岡はアワーを上司の船田中《なか》衆議院議長に会わせた。通訳をしたのは、在日相互防衛援助事務所で働いていた日系米人のレイモンド・Y・阿嘉《あか》氏である。この人もまた旧軍関係者に顔が広く、アワーにいろいろな人を紹介している。ただしこのときの船田との面会では、それほど難しい話は出なかった。

増岡はまた、海上警備隊発足を審議したY委員会の有力メンバーである秋重実恵元海軍少将を紹介した。赤坂檜町《ひのきちょう》にあった元少将の自宅へ、アワーを連れていったのである。秋重は簞笥のなかからわら半紙に包んだY委員会の記録を取り出し、アワーに一ヵ月貸す。これが縁で親しくなった秋重は、四十六年の正月、アワーを自宅に招き、家族と一緒におせち料理をふるまってもてなした。このときはたまたま増岡がいなくて、秋重とアワーはドイツ語で意思を通じた。戦前秋重はドイツ駐在武官を務めた経験があった。アワーは秋重に勧められて生まれてはじめて魚の目玉を口にしたが、気持ち悪くて酒と一緒に一気に飲みこんでしまった。増岡はこの話を聞いておかしがり、のちのちまで何度も人に語った。

既述のとおり、元海上保安庁長官で当時衆議院議員であった大久保武雄にアワーを紹介したのも、増岡である。戦前の昭和十四年（一九三九年）、大久保は逓信省の課長の地位にあって、一式陸上攻撃機を改造した「そよかぜ号」に乗ってイランの首都テヘランまで飛んだ。イラン皇太子の結婚を祝しての行事であった。そのとき同乗したのが、増岡の父江口穂積海軍中佐である。大久保は朝鮮戦争のさなか、アーレイ・バーク少将の要請で朝鮮水域に日本の掃海隊を派遣したいきさつを、アワーに語った。

増岡は自分の父の海軍兵学校同期会にも、アワーを引っ張って行く。増岡が紹介したのではないが、父江口中佐のクラスには海軍一の米国通として知られた大井篤《あつし》元大佐がいて、その後長くアワーとの交際が続いた。このように旧海軍や海上自衛隊に多くの知己を有する増岡は、短期間のうちにアワーの研究にとって欠かせない人となった。増岡を通じて、新しい人脈が次々にできた。

アワーが完成させた博士論文の翻訳、『よみがえる日本海軍』の裏表紙には、Y委員会の二人のメンバー山本善雄元少将と秋重元少将のあいだにはさまって、長身の海軍少佐ジェームズ・アワーが軍服姿で立つ写真が挿入されている。昭和四十六年はじめ、アワーが取材に協力してくれた人々を招き山王ホテルで催したパーティーの席でこの一枚を撮影したのは、写真が趣味でどこへ行くときもカメラを手放さない増岡であった。本が完成すると、翻訳者の妹尾と出版社の時事通信が中心となり、再び山王ホテルに多くの人を招いて出版記念会を開いた。アワーの取材に協力した関係者だけでなく、在日米海軍関係者が一堂に会して、壮観であったという。

アワーの研究には多くの人が力を貸した。彼が日本にやってくるとき、内田海幕長に紹介状を認《したた》めてくれたのは、当時の米海軍作戦部長エルモ・ズムワルト大将である。下書きを用意したのはアワー自身であったが、この手紙のおかげで海上自衛隊の全面的な協力を得ることができた。日本で調査を開始してまもなく、アワーは大将に礼状を書く。

驚いたことに程なく返事がきた。この手紙もおそらく誰か部下に書かせたものだったろうが、海上自衛隊との関係には強い関心を抱いており、日本はアメリカにとって重要な国と考えている。研究の進捗状況を教えてほしい、何か助けになれることがあったら遠慮なく知らせよと、親切な言葉が記されていた。

感激したアワーは、その後二度ほど報告の手紙を書いた。そして調査を終えて一時アメリカへ戻る前、内田海幕長から特別の厚情を受けたことをズムワルト大将に知らせる。同じ手紙のなかで、アワーは増岡のことを書いた。衆議院議長船田中の秘書に増岡という人物がいる。この人は海軍についての造詣が深く、船田と米海軍とのあいだをつないでいる。自分の調査にあたっても大変世話になった。ところで船田と増岡は前年日本に寄港した戦艦「ニュージャージー」を訪れた。船田は艦長から記念の楯をもらったが、増岡はライターしかもらえなかった。彼は米海軍の楯を収集している。世話になった増岡に「ニュージャージー」の楯を贈ってはいただけないか。増岡はミスター・ネイヴィーと呼ばれている。楯に「アメリカのミスター・ネイヴィーから、日本のミスター・ネイヴィーへ」と彫れば、本人は非常に喜ぶだろう。

海軍の最高指揮官に対し一少佐が無心をする。アワーはこういうところがずいぶん大胆である。ミスター・ネイヴィー云々は、今泉三佐の言葉を覚えていたのだろう。巨人軍の長嶋茂雄にミスター・ジャイアンツという愛称がついたように、ミスター何々という呼び方はときどき用いられる。アワーはそれほど深く考えず、増岡への親切のつもりで、この愛称を使うことをズムワルト大将に提言したのである。

しばらくして戦艦「ニュージャージー」の楯が、ズムワルト大将の手紙とともに在京の米海軍駐在武官を通じて増岡のもとへ届いた。そして楯にはアワーの希望したとおりの言葉が彫ってあった。作戦部長にとって、このぐらいのことは朝飯前である。

事情はともあれ、増岡は海軍作戦部長からミスター・ネイヴィーと呼ばれたことを、ひどく喜んだ。米海軍の最高司令官から自分の役割を公認されたと思ったとしても、不思議はない。それ以来、増岡は自分の名刺に「ミスター・ネイヴィー」と大きく刷り込んで、人に配って歩くようになった。ズムワルト大将にしてみれば、アワーに入れ知恵されてちょっとした好意ぐらいのつもりだったのだろうが、いつしかこの大層なニックネームが公式なものとして定着する。こうして日本でただ一人、ミスター・ネイヴィーと名乗って米海軍基地へ自由に出入りする人物が誕生した。

増岡と海軍

増岡と海軍との縁は、ミスター・ネイヴィーというニックネームがつくより、ずっと古くにさかのぼる。生まれたときからの縁であったというほうが、よいだろう。既述のとおり、父親は海軍兵学校五十一期の江口穂積中佐である。この期は関東大震災の年に遠洋航海へ出かけ、オーストラリアとニュージーランドを訪れた。同期には大井篤のほかに、米内光政海軍大臣の秘書官を務めた実松譲や、開戦時山本五十六連合艦隊司令長官の戦務参謀として活躍した渡辺安次がいる。

私事にわたるが、戦争中江口中佐は、著者の父阿川弘之の上官であった。父が東京の軍令部特務班で中華民国の軍事外交暗号解読を担当していたとき、となりのロシア班課長として着任する。ちょうど同じころ中国担当の課長が外地へ長期出張となり、江口中佐は当分のあいだ中国班も見ることになった。赤黒くいかつい顔をした、見るからに傲岸そうな、にこりともしない大男であった。ダンヒルのパイプで英国煙草をふかしながら、赤い表紙の機密文書を毎日熱心に読みふけっている。解読して提出した電報など見向きもしない。ある日中佐の不在中、平素何を読んでいるのかと思って赤表紙の文書をあらためると、これが全部『半七捕物帳』であった。昭和十八年の暮、一緒に飲む機会があって、ガダルカナル陥落、山本長官戦死、アッツ玉砕のあと戦争はどうなるだろうかと日頃の疑問をぶつけると、「海軍には、もう少しマシな人間もおるんだが、嶋ハン（嶋田繁太郎海軍大臣）がまるきり東條の副官だから、どうにもなるもんか」と言った。江口中佐は数ヵ月後、航空母艦「瑞鳳」の副長に補せられて特務班を去り、翌十九年十月二十五日、レイテ沖海戦で戦死する。以上のことを、父は作品のなかで二度ほど書き、たびたび人にも語った。よほど印象深い上司であったと思われる。

増岡は江口中佐の息子として昭和二年（一九二七年）十月、長崎県佐世保に生まれた。父親が死んだとき、まだ十七歳になったばかりである。戦争が終わったあと、昭和二十四年に旧制佐賀高等学校を卒業して上京し、竹内重利元中将の家を訪ねた。竹内中将は父江口中佐がかつて副官を務めた人物である。海軍というところは昔も今も、面倒見がいい。兵学校同期やかつての部下の家族が困っていれば、皆で助ける。竹内中将は自分の家に増岡を起居させ、援助した。その年の十月、増岡は竹内の紹介で衆議院事務局に職を得る。増岡は後年、「上京し、進学も就職もままならぬ極めて逆境の時において、常に生きる希《のぞ》みを与え、人間としての誇りを堅持するよういつも温かい手をさしのべていただいた」と、中将への感謝の気持ちを綴った。

江口中佐は竹内中将だけでなく、山梨勝之進大将と野村吉三郎大将の副官をも務めた。竹内中将は明治の末から大正の初めにかけてワシントンで長く駐在武官を務めた人だし、山梨や野村は昭和になってから英米協調派の中心人物として知られた将官である。江口中佐がこれらのすぐれた提督たちの影響を受けていたことは、想像に難くない。また増岡が親しかった秋重元少将は竹内中将の娘の舅《しゅうと》で、既述のとおりY委員会の中核メンバーとして海上警備隊の創設に関係した。父に縁のあった海軍関係者がアメリカ海軍と近く、海上自衛隊の創設に深くかかわった人々であることは、興味深い。

こうして増岡は、自分自身が日米海軍関係のただなかに身を置く前から、父の上官や兵学校の同期生を通じて海軍の人脈とつながっていた。

このころの増岡は、概して不遇である。就職してまだ間もない昭和二十六年、結核に感染し、その後四年間入退院を繰り返した。家庭の事情あり、健康の問題あり、志を果たせないまま療養生活を送る増岡は、鬱々として楽しまなかった。もしも日本が戦争に負けず海軍が存続していたら、そして健康に恵まれていたならば、増岡は父と同じ海軍兵学校を目指しただろう。時代も個人的境涯も、それを許さなかった。

そんなころ、増岡は阿川弘之の作品『春の城』を手に取った。この作品のなかに、主人公、つまり作者が江口中佐に出会い薫陶を受ける場面が出てくる。増岡は父がどんな海軍士官であったかは、直接知らない。偶然手にした小説で父が非常に好意的に描かれているのを発見して、嬉しかった。「病気をしていて、あれほど励みになったことはない。それからは何度も何度もあの部分を読みましたよ」と、増岡はあるとき私に語った。

病が癒えた増岡は、昭和三十二年（一九五七年）に行なわれた海上自衛隊観艦式の際、初めて護衛艦に乗った。そして艦上で偶然山梨勝之進元大将と出会う。あいにくの悪天候で、海の上に出たところで雨が降ってきた。みなが一斉に構造物の陰に隠れ雨宿りするうちに、ハンティング・ソフトをかぶっただけで濡れるに任せ艦尾に立ち続ける姿勢のよい老人がいる。見ると山梨であった。増岡は近づいて、「江口です」と名乗った。山梨は「ああ」とすぐわかり、「お父さんには副官をしてもらって、世話になった」と言ったそうだ。

在日米海軍司令部で渉外・報道官を務める長尾秀美氏が調査したところによれば、このときから昭和四十五年にアワーと知り合うまでに、増岡は全部で三一回海上自衛隊の護衛艦に乗っている。観艦式や体験航海があると、決まったように増岡の姿があった。一九六四年には護衛艦「はるかぜ」に一週間乗って大湊から横須賀まで航海し、洋上射撃演習を見学する。台風にぶつかり船酔いにかかったし、転覆した漁船乗組員の救助にも立ち会った。増岡はこの経験を通じて、護衛艦乗組員の任務の厳しさを深く理解したという。

増岡が初めて米海軍と出会うのも、このころである。昭和三十五年東京湾で海上自衛隊の観艦式があり、増岡は護衛艦「あきづき」に乗艦する。いつものように自衛艦の写真を夢中で撮影しているうちに、フィルムが切れてしまった。偶然そばにいた在京米大使館の海軍駐在武官補佐官ロイ・ジョーンズ中佐が、「どうぞ」と言ってフィルムを一本渡してくれた。増岡は、米海軍の軍人は親切だと感心する。

昭和三十八年に新聞で航空母艦「コンステレーション」が横須賀に入港すると聞き、増岡はこのジョーンズ中佐に手紙を書いた。増岡自身の経歴、仕事、旧海軍と父親との関係を綴って見学を希望すると、中佐がすぐに手はずを整えてくれて、増岡はその年の五月、初めて停泊中の空母に足を踏み入れる。米海軍はエスコート役の大尉までつけて案内してくれた。増岡はジョーンズ中佐に「生涯最高の日でした」と礼状を書いた。

同じ月、今度は空母「レインジャー」に相模湾沖で乗艦する。艦載機の発着艦を見るのは初めてであった。増岡は「レインジャー」艦長ジョージ・ダンカン大佐に礼状を書き、「私の亡くなった父も、あなたと同じように空母の艦橋に立っていたのではないかと思います」と述べた。これ以後、米海軍横須賀基地や厚木航空基地で、司令官や艦長の交代式があるたびに、増岡の姿が見られるようになった。

船田中と日米同盟

増岡は昭和三十四年に、衆議院事務局の秘書課に移る。その後三十八年十二月、自民党の代議士船田中が、第五十一代衆議院議長に就任した。増岡を船田に紹介したのは、父の同期で野村吉三郎の秘書をしていた、安延多計夫《やすのぶたかお》元海軍大佐である。このときの増岡は、大勢いる衆院事務局の人間の一人にしか過ぎない。ただ三十九年の正月、議長が読み上げる年頭の所感起案を任された。書いて提出すると、「よくできました」と、全く直されずに返されたという。このときよい印象を与えたのだろう。七年後の四十五年船田が再度、第五十六代衆議院議長に就任したとき、先方から指名があって議長秘書官になった。これから船田が亡くなる昭和五十四年（一九七九年）まで、増岡は船田の片腕として仕える。

船田中は、明治二十八年（一八九五年）、栃木県宇都宮に生まれた。一九一八年に東京帝国大学法科大学英法科を卒業、内務省に入る。大正十一年（一九二二年）六月に成立した加藤友三郎内閣の書記官となり、総理に直接仕えた。加藤は日本海海戦のときに東郷平八郎連合艦隊司令長官の参謀長を務めた、海軍大将である。大正十年秋ワシントンで開かれた軍縮会議には、原敬内閣の海軍大臣であった加藤が主席全権委員として出席し、この結果米英とのあいだに五・五・三の主力艦（戦闘艦）制限条約を成立させた。日本はいわゆる八八艦隊の建造計画を放棄し、主力艦数隻を沈める。

当時の国力からすれば、この軍縮はまことに時宜を得たものであった。にもかかわらず、海軍の内外に強い反対があって、のちにロンドン軍縮条約締結の際いわゆる艦隊派と条約派の対立を生み、さらには太平洋戦争突入への伏線となる。

それはともかく、まだ二十代後半の若い官僚であった船田は、加藤から多大な影響を受けた。衆議院議長時代に行なった講演のなかで、「加藤元帥は、実に頭脳明晰、透徹した見識を示され（中略）、その反面、慈父のような温情を示され、私が閣議の後、書類の整理に当たるようなときには、加藤総理は『これは大切なのだ』『あれはどうせよ』というような些細なことにも御親切な御言葉を賜わり、そうかといって少しもうるさいということは全くなかった」と、描写している。船田自身は海軍に奉職したことがなかったが、海軍良識派のもっともすぐれた指導者として知られた加藤に仕えることによって、この海の組織に愛着と尊敬の念を抱いたのかもしれない。

また大正十三年の秋、船田はワシントン条約締結の結果廃棄が決まった戦艦「安芸」の撃沈に、摂政殿下、のちの昭和天皇の随員として立ち会った。この水上射撃訓練には帝国海軍の精鋭である「陸奥」「長門」「比叡」「金剛」「山城」の戦艦五隻が、参加した。標的艦の「安芸」が曳航されて海上に現れ、ゆっくり進む。それに対し「陸奥」「長門」他からなる射撃部隊が、戦闘速力の一五、六ノットで平行して進む。そしてある距離に達したとき、「安芸」に向かって一斉射撃が始まった。摂政殿下は「安芸」の三、四〇〇〇メートルほど下がった位置にいるお召し艦の「金剛」から、この模様を検分する。船田自身の文章によれば、「陸奥」と「長門」の「一六インチの大砲（それぞれ）八門から一斉に砲弾が飛び出し、標的に向かってまっしぐらに進んでいく。

数分後に爆発音が『ごうごう』と響いてくる。同時に『安芸』の前後に水煙があがり、何百メートルという大きな水柱が立つ。実戦さながらの光景で」あった。ところでそのありさまを摂政殿下の背後で見る船田は、フロックコートにシルクハット、グレーの皮手袋といういでたちである。「少し風が強くなれば、シルクハットは吹き飛ばされ、フロックコートがてすりにひっかかる。まことに困」ったという。

船田はその後昭和五年（一九三〇年）、衆議院議員に当選し、昭和十二年には第一次近衛内閣の法制局長官に就任する。この地位に二年間あった。盧溝橋事件が起き、中国での戦争が拡大して時勢が緊迫するころである。戦後は昭和二十二年（一九四七年）から二十六年まで公職追放になったあと、翌年自由党から出馬当選して衆議院へ復帰。昭和三十年には鳩山内閣で自ら希望して、防衛庁長官に就任した。当時防衛庁長官は票にならないからと、敬遠されがちなポストだった。その後自由民主党の有力議員として活躍し、衆議院議長を二度務める。いわゆる七〇年安保の際には、自民党安保調査会長として試案を作成し、日米安保条約自動延長を確定するのに功績があった。

加藤友三郎に仕え、また日本が米英との関係を悪くさせて戦争への道を進むのを中枢で直接見たこともあるのだろう。船田は日本の安全を確保するためには、アメリカとの友好関係が何よりも重要と考えていた。昭和四十五年（一九七〇年）に一ヵ月ほど病の床にあったとき、船田は政治家としての思い出や感慨をテープに吹き込んで、『青山閑話』という本にまとめた。このなかに、彼の安全保障観がよく表われている。

日本は資源のない島国である。日本経済を立ててゆくには、原材料を海外に求めなければならない。「したがって海洋の自由と航海の安全は日本国の存在には欠かせない必要条件」である。そうであるならば、他の海洋国と協調してゆかねばならない。

「日本は明治、大正を通じて、米英両国とは極めて緊密、かつ友好の関係をつづけて参りました。（中略）日米英はいずれも海洋国であり（中略）、だいたい海洋国家の民心は、穏健中正で、寒暑の差の激しい大陸国家の人々とは自ら違いがあります」

第一次大戦後、日本は三大海軍国といわれるようになり、おごりたかぶる気風が出てきた。ワシントンとロンドンで軍縮条約が結ばれたのを契機に、国民の対英米感情が悪化する。昭和初年の経済不況やナチスの擡頭に刺激され、軍部が政治に関与し、ついには軍事優先の政治が行なわれるようになった。

「ことに陸軍が指導権を握り、遠くイタリー、ドイツと手を握り、ソ連とも仲良くしてゆこうということで、これは日本の海洋国たる立国の条件を無視して大陸国の仲間入りをしたことになります。かかる不自然の政策が成功するはずはありません。大東亜戦争（第二次世界大戦）がわが方の全敗に終ったことはやむをえなかったことと存じます」

戦後は一転して、共産陣営に対抗するための日米協力関係ができた。「これこそ、日本側からみて最も望ましい自然の姿に帰ったものと存じます」。経済上のむずかしい問題はあるが、両国の親善友好関係は「ただちに両国の利益となるのみならず、アジアの安定、ひいては世界平和の確立にも寄与しうると思います」。

このような信念を抱く船田は、在日米軍、特に在日米海軍との関係を大事にした。一九五六年以来毎年春になると、東京の歌舞伎座で催される赤坂踊りに在日米軍関係者を招待した。一九六四年六月の航空母艦「キティーホーク」横須賀入港、一九六六年六月の原子力潜水艦「スヌーク」横須賀入港、一九六八年一月の空母「エンタープライズ」佐世保入港、一九六九年二月の戦艦「ニュージャージー」横須賀入港など、米海軍の主要艦艇が寄港すると、船田は国会議員としてまっさきに駆けつけた。そして乗組員を激励し、艦内を見学して歩いた。

こうしたとき米海軍との連絡を取り同行するのは、常に増岡であった。増岡には船田から第七艦隊を大切にするよう、指示が出ていた。六〇年の安保騒動こそ何とか終結したものの、左翼反米主義全盛の時代である。「スヌーク」や「エンタープライズ」寄港の折には、全学連や労働組合が激しい反対運動を繰り広げる。ヴェトナム戦争に対しての風当たりも強かった。そうしたなかにあって、船田は米海軍艦艇の来航を積極的に歓迎した。特に「スヌーク」寄港の際、船田と増岡は沖縄と佐世保で二回この潜水艦に乗り込んでいる。沖縄では艦上で記者会見を開き、原子力潜水艦の安全性を強調した。佐世保ではヘリコプターから海上の「スヌーク」に乗り移り、そのまま入港する。激しい反対運動を見て、自分たちは日本で歓迎されていないのではとの疑念を抱く米海軍の将兵に、「いやあなたたちの存在は日本の安全保障にとって不可欠であり、来航を心から感謝していますよ」と体を張って示す。この時代、そういう気骨のある政治家がいた。

「ミッドウェー」の横須賀母港化

このような思想背景をもった船田と増岡のコンビの前に登場したのが、若き米海軍少佐ジェームズ・アワーである。アワーが日本へ調査のためにやってきたのは、ちょうど船田が二度目の衆議院議長に就任し、増岡が議長の秘書官に就任した年にあたる。研究を終えたアワーは在日米海軍司令官の政治顧問として日本にとどまり、日米海軍関係の実務に携わるようになった。そして日米安全保障関係史上もっとも重大な決定の一つがなされるに際し、船田が大きな役割を果たすのを、増岡と緊密な連絡を取りながら側面から援助した。航空母艦「ミッドウェー」の米海軍横須賀基地配備である。

この決定には、実は前段階がある。ヴェトナム戦争に手を焼いたアメリカは、一九六九年（昭和四十四年）に登場したニクソン新大統領のもとで、アジア地域での米軍縮小にとりかかる。何よりも軍事予算削減の必要があった。この方針にもとづき一九七〇年十一月二十七日、在日米軍司令部から日本政府に対し、翌年六月末までに在日米軍の実戦兵力をほぼ全面的に引き揚げるとの通告があった。横田や三沢の飛行隊とともに、第七艦隊の艦艇をほとんどすべて横須賀から米本土および佐世保に移すとの内容である。

この決定は海上自衛隊にとって寝耳に水であった。二十八日の朝、新聞の一面でこのニュースが大々的に報じられた翌日の日曜日、海自の幹部が在日米海軍司令官ジュリアン・バーク少将（アーレイ・バーク大将とは別人）を訪れ、なぜ知らせてくれなかったのか、何とか決定を覆してくれと、陳情する。いったん横須賀基地を米軍が手放したら、旧海軍伝統のこの軍港を二度と海上自衛隊が使用できなくなる。それが彼らの危機意識であった。事実この発表のあと、横須賀市の市長は早くも企業誘致に走ったらしい。

増岡によれば、この件では船田衆院議長も動いた。昭和四十六年の一月に来日した統合参謀本部議長のトマス・ムーラー海軍大将と夕食をともにした際、横須賀基地の縮小決定を覆すように要請する。ムーラー大将は統合参謀本部議長になる前、海軍作戦部長の地位にあった。ズムワルト大将の前任者である。昭和三十九年前後、第七艦隊司令官として一度横須賀に駐留している。船田とは旧知の仲であった。戦争中西太平洋で、一度は乗っていた飛行機が撃墜され、もう一度は乗り組んでいた駆逐艦が撃沈されて、二度泳いだ。にもかかわらず、旧海軍と海上自衛隊に大変好意的であった。横須賀に留まってほしいとの要請は、ちょうどワシントンを訪れていた内田海幕長からも直接ズムワルト作戦部長に対してなされた。

日本側の予想外の反応を考慮したのだろう。ムーラー大将は船田に、アメリカ海軍はこの決定を取り消すだろうと語った。船田は「今発表すると混乱する。四月一日に予算が通ってから発表して欲しい」と要請する。三月三十一日、すでにバーク少将のもとで非公式に働きはじめていたアワーから増岡を通じて、米海軍が横須賀基地縮小の決定撤回を発表したとの連絡が入った。横須賀基地縮小問題は、こうして一応の決着を見た。

横須賀に留まることを決定した米海軍は、実はすでにこの年の一月、一八〇度方針を転換して、横須賀を航空母艦の母港とすることを検討しはじめていた。航空母艦は一度港を出るとなかなか母港に帰れず、乗組員は家族に会えない。横須賀を母港として乗組員の家族を住まわせれば、アメリカ本土西海岸を母港とする場合と比べ、海外での作戦行動を長くても六ヵ月間に制限することができる。また一年間の総稼動日数が十二週間短くなる。これによって乗組員の士気を高め、水兵の採用と継続任用率を高めうる。この計画には、水兵の待遇改善に熱心であったズムワルト作戦部長がことのほか熱心であった。極東への前方配備なしに同じだけ稼動日数を減らそうとすると、もう一隻航空母艦を建造せねばならない。したがって、この措置は軍事予算削減にも役立つはずであった。

しかし問題は日本政府の反応である。ただでさえ米海軍艦艇の寄港に対する反対が強く、ヴェトナム戦争反対の声も高い当時の政治状況のなかで、政府は空母の横須賀母港化を受け入れるだろうか。この計画に対する日本側各界の反応をさぐるのが、政治顧問アワーの最初の仕事となった。アワーは、論文作成のための調査で培った人脈をフルに活かして、横須賀から東京へ出かけては人に会った。在京米大使館の政治部で行なわれる定例会議に毎週出席して、日米間の政治問題について最新の情報を仕入れる。当時のロバート・インガソル駐日大使や、その下で働いていた、マイケル・アマコストと親しくなる。外務省北米局の日米安全保障条約課とも人脈をつくった。船田の招きに応じ、私服に着替えたバーク少将をしばしば船田のもとに連れて行き、意見交換をさせた。日本で米海軍の意向を代弁するのが仕事とはいえ、外務省や在京米大使館を通じないでこうした非公式な政治的接触を在日米海軍司令官が行なうのは、多少微妙なところがあったのだろう。目立ち過ぎないようにとの配慮であった。

こうした接触を通じ、アワーは、外務省の安保課がこの計画に比較的前向きであるとの感触を得る。ここで必要なのは、政治的決断である。バーク少将は船田議長と面会した際に、空母前方展開が戦略上および財政上有利であることを説明した。船田はバークに対し、「日米安保条約は、日本のためになるものです。日本政府はたとえ政治的には困難でも必要なことは必ずやります。望まれることをはっきり政府に伝えてください。そして決してその立場を揺るがせないでください」と述べた。

翌昭和四十七年、アワーの記憶では八月ごろ、ある夜遅く増岡からアワーに電話がかかる。増岡は一言、「アワーさん、アクション」と言った。その日船田が議長公邸でのレセプションでインガソル駐日大使に会い、この問題について話したというのだ。船田議長は大使に「横須賀を『ミッドウェー』の母港とするのは、アメリカの権利です。日本側の許可は必要ではありません。しかし我々がどう考えるかお尋ねになるのなら、それはかまいません。聞かれたらイエスと答えます」と、田中角栄首相から伝えられた日本政府の高度な政治判断を伝えた。

そして九月、田中内閣の大平正芳外務大臣が、衆院外務委員会で米海軍が「ミッドウェー」の横須賀母港化を要請してきたと述べて、初めてこの問題が公にされた。アメリカ政府が公式に許可を求めたことも、日本政府が公式に了承したこともなかったが、このときまでに「ミッドウェー」の母港化は日米間で了解がついていた。

このような経緯を経て航空母艦の前方展開が可能になり、最初の艦として日本への進出を命じられた「ミッドウェー」の横須賀到着は一九七三年（昭和四十八年）十月と決まった。しかし新しい母港へ空母が入る数日前から、横須賀基地周辺の抗議デモの規模は数千人単位に膨れ上がり、心配した外務省は入港を遅らせられないかと米海軍に問い合わせる。米海軍は予定どおりの入港を主張したが、外務省は消極的であった。

このとき駐米日本大使館に籍をおく海上自衛隊派遣の防衛駐在官から、増岡に電話が入った。

米海軍作戦本部副部長のジェームズ・ハロウェイ大将から直々に要請があり、船田議長から外務省を説得してもらいたいとのことだった。増岡はこの要請をただちに船田に伝えた。船田の働きかけが功を奏して、「ミッドウェー」は予定どおり十月五日、横須賀に入港する。

以後「ミッドウェー」は一九九一年（平成三年）八月に横須賀を離れるまで、数多くの任務に出動した。「ミッドウェー」が湾岸戦争に出動して一機の飛行機も一人の乗組員も失うことなく横須賀に帰ってきたとき、埠頭で出迎えた人々のなかには増岡の姿があった。代わって横須賀にやってきた二代目の「インディペンデンス」も一九九八年に退役し、今は三代目の「キティーホーク」が横須賀を母港とする。一九七〇年に第七艦隊が撤退して大幅に縮小されそうになった横須賀基地は、今やアメリカ海軍の世界戦略にとってもっとも重要な拠点の一つになっている。

いうまでもないことだが、「ミッドウェー」の横須賀母港化に功績があったのは船田だけではないし、まして増岡の力で実現したものではない。外務省も活発に運動したし、地元横須賀でも革新系の長野正義市長はじめ、受け入れを可能とするために働いた人々がいた。基地前面の米海軍制限水域を解除して埋め立てを可能にするなど、政治的な見返りもあった。しかしそれでもなお、政治家船田の影響力は決定的であり、それゆえに米海軍は船田とその部下の増岡を、ますます大事にするようになった。

国防総省は一九七三年、船田に外国人では三人目というディスティングイッシュド・パブリック・サービス・アワードという特別な勲章を授与して、その功績に感謝した。一九七六年には、すでに衆院議長の職を退いていた船田を、米海軍が建国二百年を記念するハドソン河口での帆船観艦式に招待する。ニューヨークだけではなく、ワシントンやテキサスをもまわる十七日間の旅程に随行したのは、増岡とアワーである。アワーは船田のエスコート・オフィサーとして、終始老政治家の身の周りの世話をした。増岡の入れ知恵で、毎朝船田の部屋に梅干を届ける。船田はアワーのことを評価していて、終始機嫌がよかった。米海軍は増岡に対しても礼を尽くし、海軍士官を一人エスコートとしてつけた。ミスター・ネイヴィーというニックネームが、それなりの重みを持ちはじめた。

ミスター・ネイヴィー・アライヴィング

増岡は昭和五十二年（一九七七年）に衆議院議長公邸長という役職につく。五十四年に船田が亡くなったあともこの職にとどまり、船田のあとを追って議長となった政治家七人に仕えた。このころから増岡が米海軍の艦艇を訪れるときには、将官に準ずるものとして遇されるようになった。海軍では大佐以上の士官が乗退艦するとき、水兵がかたわらで「ピーイーッ」と抑揚をつけて長く笛を吹く。これは世界中どこの海軍でもほぼ共通のしきたりで、海上自衛隊でもアメリカ海軍でも、はたまたロシア海軍でも中国海軍でも、同じことをする。まだ軍艦が帆船であった時代、英国海軍の将官が太りすぎて縄梯子をよじ登ることができず、もっこで引っ張って揚げ下げした、そのときに笛を吹いて調子をそろえた名残だとの説がある。米国海軍ではこのうえに、水兵が「カンカーン、カンカーン」と鐘を鳴らす。サイドボーイと呼ばれる水兵が数人デッキに整列し、来艦を歓迎する。サイドボーイの数は、来艦者の階級や地位によって二人、四人、六人と異なり、大将や大統領などでは八人となる。そのうえ指揮官が乗退艦するときには、その人の指揮する艦名や艦隊名を艦内スピーカーで放送する。たとえば第七艦隊司令官が乗艦するのであれば、「セブンス・フリート・アライヴィング」、航空母艦「ジョン・F・ケネディ」艦長が乗艦するときには、「ジョン・F・ケネディ・アライヴィング」、さらに米国大統領が乗艦するときには「ユナイティッド・ステーツ・アライヴィング」といった具合である。

いつのころからか増岡が米海軍の艦艇に乗退艦する際にも、この儀式が行なわれるようになった。しかも大将級の扱いを受けたらしい。増岡がラッタル（舷梯）を上がると、八度鐘が鳴り、笛が吹かれ、「ミスター・ネイヴィー・アライヴィング」という放送が流される。作法に従って増岡は艦内に一歩を踏み出す前、艦尾に掲揚された軍艦旗に敬礼する。退艦時には、「ミスター・ネイヴィー・ディパーティング」と放送がある。増岡はやはり艦尾の軍艦旗に敬礼して、ラッタルを降りる。笛が吹かれる。事情を知らない士官や水兵は、おやなんだろう、といぶかしがったという。小柄な白髪の日本人紳士のために鐘が鳴り、増岡は横須賀や佐世保の米海軍基地に出入りするだけでなく、ワシントンでの海軍作戦部長交代式や、ハワイ、パールハーバーでの太平洋艦隊司令長官交代式など、米海軍の主要な式典にしばしば招かれて出席した。船田が亡くなったあとも米海軍が増岡をこうして大切にし、最高の礼を尽くしたのには、いくつか理由があるだろう。

まず増岡と第七艦隊や在日米海軍司令部などの歴代司令官との、個人的友情があった。何しろ増岡は一九六〇年代から米海軍基地へ出入りしているのである。横須賀に司令官として赴任した将官のなかには、まだ尉官や佐官のころから増岡に接した者が何人もいた。増岡との関係は、代代司令官の申し送り事項だったのである。増岡は彼らが横須賀へ帰ってくるたびに、鎌倉や日光に案内し、あるいは横須賀の小松という戦前から海軍関係者が通った料亭で接待をし、実にまめに面倒を見た。

米海軍にとって、増岡はまた日本の政界や官界とのパイプ役であった。増岡は有力な政治家を何人も米海軍上層部に紹介したし、米海軍から政治家に頼みごとがあるときには、よろこんで話をつないだ。「ミッドウェー」前方展開のほかにも、昭和四十九年の佐世保基地一部返還問題や、昭和五十一年の帆船「日本丸」アメリカ建国二百年記念観艦式派遣問題などで、調整役を果たした。増岡が特に強い影響力をもっていたわけではないが、日本で右も左もわからない米海軍関係者にとって、永田町とのパイプ役をかって出る増岡は貴重な存在であった。

増岡がその晩年もっとも親しかった米海軍の将官は、アーチー・クレミンス海軍大将である。クレミンスが増岡と最初に知り合ったのは、大佐時代の昭和六十一年秋、米海軍横須賀基地を母港とする第七潜水艦群司令として赴任したときであった。増岡は日本のことを何も知らないクレミンスに、日本の文化やしきたりを教え、政治について語り、あれこれと世話を焼いた。それ以来、第七艦隊参謀長そして第七艦隊司令官として横須賀へ赴任するたびに、増岡夫妻はクレミンス夫妻を温かく迎える。クレミンスは「日本のことを理解しえたのは、まったくミスター・ネイヴィーのおかげだ」と、著者あての手紙で述べている。クレミンスが第七艦隊司令官であった時期、増岡は旗艦「ブルーリッジ」に同乗してたびたび海に出た。海の上で二人は、米海軍と海上自衛隊の関係の重要性について、両国の将来について、たびたび語り合った。クレミンスは増岡の考えに耳を傾け、参考にした。増岡はクレミンスにとって、日本に向かって開かれた窓のような存在であった。クレミンスがレセプションを開いて人を招くと、そのかたわらには決まって増岡の姿があった。そして日本人の客をだれかれとなく大将に紹介した。第七艦隊旗艦「ブルーリッジ」の艦上で、大将に著者を紹介してくれたのも、増岡である。両者間の親しい関係は、クレミンス大将が太平洋艦隊司令長官になってからも続いた。

増岡はまた民間の有力者を何人も米海軍基地や艦艇に招いて、自発的に米海軍の広報に務めた。たとえば米海軍の空母が日本近海に姿を現すと、増岡の率いる日本人の一行がC－2Aグレイハウンド型輸送機に乗って、厚木航空基地から空母までしばしば飛んだ。フックをアレスティング・ワイヤにひっかけて輸送機が着艦すると、その衝撃に興奮さめやらぬＶＩＰたちが飛行甲板に降り立つ。第五空母群司令官と艦長以下、幹部士官が客を歓迎し、艦内に案内する。その間、艦載機が次々にカタパルトから発艦し、しばらくすると着艦エリアの長さわずか二〇〇メートルほどの甲板に、まるでたたきつけるようにして着艦する。それを見て感嘆する客たちの姿に、増岡はわがことのように喜んだ。

こうして増岡によって空母に招かれた人のなかには、平成元年（一九八九年）大挙して原子力空母「カール・ヴィンソン」を空から訪れたソニー会長盛田昭夫、文藝春秋社長田中健吾、辻調理師学校校長辻静雄、作家阿川弘之の一行がある。この体験に感激した辻は、リターン・バンケと称して「キティーホーク」の幹部と増岡を自宅に呼び、豪華な料理でもてなした。

増岡が米海軍の特別待遇を得意に思ったのは、驚くに足りない。衆議院の一職員である自分を、肩書きで人を評価する日本の社会は決して一人前に扱ってくれない。政治家の秘書はあくまで使い走りに過ぎない。ところが米海軍はどうだ。自分を一個人として、友人として対等に遇してくれる。米海軍の人たちによくしようと思うのは、それが理由だと、本人から直接聞かされたことがある。

しかし米海軍から特別待遇を受けるうちに、増岡はやや慢心したのではないかと言う関係者もいる。特に海上自衛隊の幹部を多少見下すような傾向が見られた。八〇年代はじめハワイで行なわれた太平洋艦隊司令長官の交代式に出席したとき、海上自衛隊の代表として出席した元海将よりも上位の席を求めたのを、日本から出席した別の関係者が見とがめて増岡と口論になったことさえある。増岡はそういうとき、ひどくかたくなだったと、目撃者は言う。彼の態度は、日本の社会でやや不遇であったわだかまりの裏返しであったかもしれない。

増岡は一九九〇年に、衆議院議長公邸長の職を退いた。その後も船田中の遺志をついで安全保障問題に意を注いだ山下元利衆議院議員の事務所に小さなオフィスを構え、永田町との縁をつなぐが、山下も平成六年（一九九四年）に亡くなり、増岡の後ろ盾となる政治家はいなくなる。公人としての増岡の影響力は、次第に低下した。米海軍でも増岡が親しかった将官は次々に引退し、若手士官のなかには増岡のことを知らない者も増えた。このころアワーとの縁も、やや疎遠になっている。

増岡は相変わらず司令官の交代式に出かけ、新しい第七艦隊司令官や在日米海軍司令官が着任するたびに自腹を切ってもてなしたが、かつてのように政治的な役割を果たすことはほとんどなくなった。海上自衛隊の観艦式や第七艦隊旗艦「ブルーリッジ」艦上で見かける小柄でやせぎすの増岡は、どことなく寂しげであった。健康に問題があったのかもしれない。

平成五年には思い立ってアメリカへ出かけ、海軍長官をはじめ、かつて横須賀に駐在した四〇人もの米海軍将官や元将官を訪ねている。そのときの写真を見る増岡は、まことに嬉しそうであった。

増岡の死

増岡は平成八年十月肺の病気にかかり、以後入退院を繰り返したあと、翌年九月二日横須賀の病院で亡くなる。病が重いと聞いて、太平洋艦隊司令長官のクレミンス大将やアワーが病床を見舞った。亡くなる四日前、海上自衛隊横須賀地方総監の山本安正海将と在日米海軍司令官のマイク・ハスキンス少将が見舞うと、苦しい息の下から増岡は、翌週に迫った空母「インディペンデンス」の小樽寄港計画がうまく進んでいるかどうか尋ねた。

一度危篤に陥ったあと、亡くなる前日わずかに小康を取り戻す。そして陽子夫人の前で何人もの友人の名前を呼び出した。同時にしきりと手を動かすので、夫人がメモ帳を差し出しボールペンを握らせると、「アワーさんへ、強い人」と英語で書いた。これが絶筆となった。クレミンス太平洋艦隊司令長官は、その翌日、傘下の全海軍部隊に増岡の逝去を悼む電報を打った。

九月四日横須賀市内で行なわれた葬儀には、米海軍と海上自衛隊の幹部が白い夏の制服を着て列席した。ワシントンからは海軍作戦部長の代理としてエリス中将が、ハワイからはクレミンス大将が飛んできたし、海上自衛隊からも海上幕僚長夏川和也海将をはじめ、多くの現役退役幹部が出席した。クレミンス大将他何人かの友人が弔辞を読んだあと、星条旗と日章旗で包まれた棺を日米の士官が運ぶ。棺に向かってクレミンス大将が最後の敬礼をした。

増岡の七十歳の誕生日にあたる翌月十月二十二日、米海軍横須賀基地の第十二埠頭と海沿いの公園で、増岡の横顔を浮き彫りにした二基の記念碑の除幕式が行なわれた。

二つの碑は増岡が元気なうちに完成し披露される予定であったが、間に合わなかったのだという。増岡は亡くなる二日前に、ハスキンス少将から設計図を見せられている。空母が接岸する第十二埠頭は増岡ピアと名づけられ、新しく整備された海浜公園は増岡記念公園と命名された。公園での除幕式ではハスキンス少将が短いスピーチをし、石川啄木の和歌を日本語で引用した。

ゆゑもなく海が見たくて海に来ぬ
　こころ痛みてたへがたき日に

その日は風が強く、目の前に広がる海は茫々と波立っていた。横須賀基地に出入りする米海軍と海上自衛隊の艦艇を、増岡の碑は毎日この静かな公園から見守っている。

Ⅶ　アメリカ海軍戦中派

政治顧問アワー

ジェームズ・アワーは、一九七一年（昭和四十六年）八月から約二年間、当時在日米海軍司令官を務めていたジュリアン・バーク少将に政治顧問として仕えた。バーク少将がアワーに初めて会ったのは、同年の春相模湾で行なわれた海上自衛隊の展示訓練に招かれた際である。アメリカ海軍の代表として護衛艦に乗艦し周りを見まわすと、一人若い米海軍少佐が立っている。海軍軍人は制服の袖さえ見れば、一目で階級がわかる。横須賀では見たことのない顔だった。一体、海上自衛隊の展示訓練になぜ招かれているのか。不審に思ったバーク少将はこの少佐に近づいて、

「君は誰かね」と尋ねた。

そばにいた在京米大使館の海軍駐在武官が、気をきかせてアワーを少将に紹介した。少将も東

京に滞在中の海軍派遣学生アワーのことは聞いていたので、ああ君かということになる。アワーは自分の研究について少将に語った。前年の七月から日本に滞在し海上自衛隊創設に関わった人々のインタヴューを続けていること、この作業を通じて海上自衛隊関係者多数と親しくなったこと、この年の夏に調査を終えて帰国すること。アワーの説明を聞いた少将は、しばらく黙って考えたあと、「君にうってつけの仕事がある。来週横須賀に来たまえ」と言った。

バーク少将は前年の夏、在日米海軍司令官として着任早々、前述の米海軍横須賀基地縮小計画という難しい問題を担当した。日本へ赴任する前に海軍首脳からこの計画を知らされ、よろしく頼むと言われる。ヴェトナム戦争に懲りたアメリカは、アジアから兵力を相当程度引き揚げる方針を固める。在日米海軍についていえば、横須賀には在日米海軍司令部だけを残し、第七艦隊旗艦は佐世保に移す。その他の横須賀基地所属艦艇はアメリカ本土へ帰し、艦船修理部は第六ドックを除いて日本側に返還する。戦略的政治的な課題はさておいても、基地の雇用問題、米軍家族の移住問題など、在日米海軍司令官として日本側と調整すべき事項は多かった。しかしニクソン新大統領のもとで、軍事予算削減は至上命令であったから、是非とも実行せねばならない。

予想外に否定的な反応に驚いたバーク少将は、日本側、とりわけ海上自衛隊とのあいだで意思の疎通が欠けていることを痛感した。ここは専任の調整役が必要だ。そう考えたバーク少将は、ワシントンの海軍人事局に適当な人材の派遣を要請した。海上自衛隊に人脈があり、在日米海軍司令官の代理として日本側と直接話し合える士官が欲しい。事の性質からして、階級は大佐が適当である。ワシントンはこの要請を了解したが、これという人物がなかなか見つからない。

バーク少将がいらいらしはじめたころ、海の上で出会ったのがアワーである。自分の求めていた条件をほとんどすべて満たす人物が、ここにいるではないか。ただ一つの問題はアワーがまだ三十歳の少佐であって、大佐の仕事という要件に合わないことである。しかしバークは、かまうものかと言って、強引にこの人事を通してしまった。こうして研究者アワーは、日米安全保障問題の実務に現役の海軍士官として取り組むこととなった。

アワーはバークの期待に十分応える働きをした。この時期最大の懸案は航空母艦の横須賀前方配置である。アワーは研究生の身分のまま、バーク少将のために非公式に働きはじめる。そして早々に知らされたのがこの計画であった。日本側の抵抗にあって横須賀基地縮小計画を撤回したとたん、米海軍の指導者は空母横須賀母港化の方針を打ち出した。

この計画を実現するためには、日本側の反応を探らねばならない。ただでさえ米軍基地存続や米艦艇入港に対して強い反対運動がある。米空母が横須賀を母港とするという、より大きな米軍のプレゼンスを、日本政府は受け入れるだろうか。母港化にともなう海軍軍人とその家族の住居をどう確保するか。検討すべき課題は多々あり、在京の米大使館筋は日本が受け入れる可能性について否定的な反応を見せていた。他方、日本側はこれを必ずしも嫌がらないのではという観測もあった。

実はすでに昭和三十七年（一九六二年）、岸信介元首相が船田中らと空母「コンステレーション」を訪れたときに、米海軍とのあいだで航空母艦横須賀配備の話が出ている。自ら航空母艦を持たない日本にとって、アメリカ海軍による空母横須賀配置は、国防上ひとつの選択肢ではあった。

いずれにしてもバークは独自に情報収集を行なう必要を感じ、アワーを頻繁に東京へ行かせ、要人に接触させた。アワーは増岡一郎を通じて、衆議院議長船田中とバークの線をつないだ。その船田が昭和四十七年の七月に新しく総理大臣となった田中角栄を説得して、航空母艦「ミッドウェー」の横須賀母港化が日米間で了解された経緯は、前章に記したとおりである。

本件でアワーが果たした裏方としての役割は大きかった。バークはアワーの功績を高く評価する。アワーが駆逐艦副長の資格審査を受けたときには、強力な推薦状を書いてくれた。そして一九七三年八月、アワーが第七艦隊所属駆逐艦「パーソンズ」の副長として転出する少し前に、少将は横須賀を去り、ワシントンでの新しい任務についた。

バーク少将との夕食

一九九五年（平成七年）の八月から一年間、筆者はヴァージニア大学ロースクールの訪問研究員として、ヴァージニア州シャーロッツビルという町に住んだ。時間はたっぷりある。ちょうどいい機会なので、海上自衛隊と縁の深い米海軍関係者と会わせてくれるよう、アワーに頼んだ。いつか機が熟したら、海上自衛隊とアメリカ海軍のつながりについて書きたいと考えていた。

アワーが最初に会えと勧めたのは、海上自衛隊生みの親の一人、アーレイ・バーク大将である。バーク大将はワシントンから川を隔てたヴァージニア州にある引退者用アパートに、夫人と一緒に住んでいた。高齢で、人に会ってももうあまりよくわからない。それでも日米海軍関係にとってシンボリックな人だから、一度会っておくといい。ただしその日調子がよくて医者の許可が取れたら、という条件だ。一緒に行こう。親切にこう言ってくれたアワーと、バーク大将の住まいからさほど遠くないとある軍関係の会議場で待ち合わせたのは、一九九五年十二月七日、帝国海軍による真珠湾攻撃の記念日であった。雲が低く垂れこめて底冷えのする、うっかりすると風邪を引いてしまいそうな天気である。

会議場から出てきたアワーは、私に会うなり、「今バーク大将のところへ電話をしたら、担当の医者から風邪をこじらせて今日は面会できないと言われた」と、すまなそうに私に伝えた。体調を崩したのでは仕方ない。会えなかったのは残念だったが、我々二人はまた出直そうと約束した。このときにかかった肺炎が結局命取りになって一ヵ月も経たないうちに亡くなるとは、まったく予想しなかった。伝説的なアーレイ・バーク提督に私が会う機会は、こうして永遠に失われた。

バーク提督に会えないとわかったアワーと私は、もう一人のバーク提督、ジュリアン・バーク少将に会うため、車を走らせた。バーク少将とは、バーク大将を見舞ったあと外で一緒に食事をすることになっていた。予定が変わってアワーが電話をかけると、「それでは今すぐ来い。大したおかまいもできないが、我が家で話そう」とのこと。こうしてアワーと私は、少将の自宅を訪問することになった。途中の酒屋でワインを一本買って、ワシントンの対岸にあるアレキサンドリアの一画、丘の上に建つバーク少将の家へ車で向かう。

冬の短い日が暮れて、あたりが暗くなるころ、我々はアレキサンドリアに着いた。急な坂をあがって目指す家の横に駐車すると、カーディガンを羽織ったバーク少将が家から出てきて、アワーの手を握る。紹介されて私も握手をした。すでに八十歳近いが、長身で姿勢がいい。日米を問わず、海軍の士官はみな姿勢がいい。

それから四時間ほど、アワーと私はバーク家に留まった。急な訪問で何も準備できないと言っていたのに、晩餐はしごくフォーマルであった。まず食堂の隣にあるポーチにしつらえたバーに酒を並べ、少将自ら食前酒を勧める。グラスを片手にしばらく歓談したあと食卓に移り、食前の祈りをささげたあと、ナプキンを取って食事となる。そして食事が終わるとデザートが供され、食後の酒が勧められる。そのあいだ、料理、配膳と、すべてを取りしきるのはバーク夫人である。

アメリカ人の家庭に招かれて、これほど型どおりの晩餐がふるまわれることは珍しい。こういうところは、なるほど年配の海軍士官である。

バーク少将は食事をはさんで、海軍の思い出、日本の思い出をポツリポツリと語ってくれた。

一九七〇年(昭和四十五年)の夏、国防総省で働いていたとき、ズムワルト海軍作戦部長に呼ばれて、在日米海軍司令官と在フィリピン海軍司令官と、どちらのポストを受けるかと尋ねられた。

バーク少将は、当時ジョージタウン大学戦略国際問題研究所を主宰していたアーレイ・バーク大将のところへ相談にいく。バーク大将は日本を選ぶよう、強く勧めた。少将は日本へ行く気になったが、家族にとって日本行きはつらい選択であった。

これより少し前、少将が海に出ているあいだに、六歳の末息子が脳腫瘍で亡くなる。ワシントンに留まって静かに息子の冥福を祈りたい。そう考えた夫人は、見知らぬ極東の地へ赴く心の準備ができていなかった。それでも海軍士官とその妻たるもの、命令に従わないわけにはゆかない。ペンタゴンで前職を解かれて四日後、あわただしく日本へ出発する。

既述のとおり出発の直前に海軍首脳部から、横須賀基地縮小の方針が決定され、まもなく実行に移すことを聞かされる。これから赴任するというのに、在日米海軍司令官としての自分の権限は大幅に減ることになる。その段取りをつけてこいというのだから、心が弾むはずがない。しかも赴任後しばらくすると、今度は方針が変わって空母横須賀配備を実現せよとの指示を受ける。

「率直に言って、かなり頭に来たよ」と、バーク少将は言う。

日本行きを希望したものの、バーク少将自身心の片隅には多少の逡巡があったかもしれない。それは戦争の記憶である。

戦争の記憶

バーク少将は一九一八年（大正七年）に生まれた。開戦の前年、一九四〇年（昭和十五年）にアナポリス海軍兵学校を卒業し、戦艦「ウェストヴァージニア」へ配属される。一九二三年建造の艦である。一九四一年三月、ニューヨークのブルックリン海軍工廠で建造中の新鋭戦艦「ノースカロライナ」に転任した。「ウェストヴァージニア」は九ヵ月後、日本海軍の真珠湾攻撃中、六発の魚雷と二発の爆弾を受けて沈められる。少将の後任者は艦と運命をともにした。海軍兵学校で親しかった後輩の父で戦艦群司令であったキッド少将も、旗艦「アリゾナ」で戦死した。「ウェストヴァージニア」に乗っていたころ、ニューオーリンズに住むガールフレンドに会うため、二週間の休暇を願い出たことがある。副長は許してくれなかったが、キッド少将が認めてくれた。そのやさしい司令が死んだ。同じく攻撃を受けて転覆した戦艦「オクラホマ」でも、知り合いが何人か死んだ。

四二年七月、戦艦「ノースカロライナ」はパールハーバーへ入った。太平洋艦隊再建のためである。湾内に沈む戦艦の残骸を見て、バークは日本軍への復讐を誓った。開戦後、日本軍が捕虜を虐待したというニュースに接して、怒ってもいた。

その秋「ノースカロライナ」はガダルカナル島への上陸部隊を乗せた船団護衛中、日本潜水艦の雷撃を受け、魚雷を一発当てられた。一緒に行動していた航空母艦「ワスプ」は、このときの雷撃で沈没する。

パールハーバーへ戻ったあと、一九四三年七月、潜水艦「フライングフィッシュ」の副長兼航海長となる。太平洋戦争中、米海軍潜水艦の働きは目覚しかった。日本は約八四三万総トンの商船を喪失したが、そのうちの五七パーセント、約四七七万総トン、一一五〇隻を、潜水艦の攻撃で失う。日本は敵潜水艦によって海上輸送路を途絶され、戦争に負けた。日本海軍自身も、戦艦一、空母八、重巡三、軽巡九、駆逐艦四二、潜水艦二〇を含む二〇〇隻以上の艦艇を、同じように米潜水艦の攻撃で失った。しかし米海軍の犠牲も大きかった。バーク少将によれば、五二隻の潜水艦が沈められ、三三〇〇人の人命が失われたという。

バーク少将が乗り組んだ「フライングフィッシュ」も、日本の潜水艦から二度攻撃を受け、一度は飛行機から爆弾を落とされたが、幸い当たらなかった。またあるときは六発発射した魚雷の一つがどうしたことか方向を変え自艦めがけて走ってきて、危ういところで逃れた。生と死の境は紙一重であった。パラオから、台湾、沖縄、フィリピン、インドネシア沖と広い太平洋を駆け回り、日本の船を合計一〇隻沈める。

一九四五年（昭和二十年）の七月、潜水艦「ガードフィッシュ」に移り、この艦で対馬海峡を抜けて日本海へ潜入する作戦「オペレーション・バーニー」に参加した。対馬海峡には一〇〇ヤードごとに機雷が沈めてあった。その間を一〇ヤードの幅がある潜水艦ですり抜けて通る。触雷したらもちろん命はない。乗組員は海峡を抜けるまで、みな真剣に無事を祈った。日本海へ潜入した九隻の米潜水艦のうち、一隻は再び帰らなかった。

戦争後は主に米国本土で勤務した。ヴェトナム戦争の最中、横須賀へ立ち寄った以外に、日本人との接触はほとんどない。したがって一九七〇年に在日米海軍司令官となったのが、日本を知る最初の機会であった。赴任早々、横須賀海軍基地縮小問題、空母「ミッドウェー」横須賀配備問題と大きな案件を手がけたため、ゆっくりと感傷にふける暇はなかった。

これらの問題に対処するため、日本側の要人とは頻繁に会った。当時の海上幕僚長は内田一臣海将である。バークはたびたび防衛庁に内田を訪れた。内田はいつも協力的であり、バークの立場を支持した。一緒にゴルフもした。あるとき内田はバークに、戦前、戦中はつらいことが多かったともらした。バークも同感であった。バークは内田を尊敬し、好意をもった。

その他にも海上幕僚副長の石田捨雄、防衛部長の中村悌次とたびたび会った。ニューポートの海軍大学で一緒だった板谷隆一海将は、このとき統合幕僚会議議長を務めていた。みな同じ年代の海軍士官であり、先の戦争では敵として戦った人々ばかりである。口に出して言わなくても、お互いにいろいろな感慨があったろう。

バークはアワーと増岡を通じて、衆議院議長の船田とも何回か会った。またアーレイ・バークと協力して海上警備隊の創設に関わった保科善四郎元海軍中将が、空母配備の問題について話すため、向こうから会いにきた。「私のことを、アーレイ・バークの息子か兄弟と信じて疑わないんだよ」と、バークは笑って見せる。バーク大将とバーク少将は、実際にはまったく関係のない赤の他人である。それでもバークという名前は、海上自衛隊関係者のあいだでは「開けごま」の呪文のような効果があった。アーレイ・バーク大将自身、少将の在日米海軍司令官在任中に一度東京へやってきた。バーク少将は、この老提督に海上自衛隊関係者が示す感謝と尊敬の念を、目の当たりにした。

こうしたすべての経験は、バークの対日観を少しずつ変えていった。あまり多くは語らないが、「日本で働いて、私の日本に関する考え方は非常に変わった」と、私に一言漏らした。かたわらの夫人も、同意するように微笑んだ。幼い息子を亡くしたばかりの夫妻にとって、最初気乗りのしなかった日本での生活は、心の傷を癒すに足るものであったようである。日本へ来たくなかった夫人が、最後には日本を離れるのをいやがった。

南部人バーク

バーク少将家の居間には、十九世紀初頭とおぼしいアレキサンドリアの港を描いた絵がかかっている。食後談笑しながらこの絵を見ていると、少将がいろいろ説明してくれた。アレキサンドリアは連邦政府の首都がコロンビア特別区に置かれるよりずっと前から、煙草の積み出し港として栄えた。煙草を積んだ帆船はここからポトマック川を下ってチェサピーク湾に出て、大西洋を渡りヨーロッパへ向かった。バーク家は代々この街で銀行業を営んでいた。南部の伝統に従って、軍人も多く出した。南北戦争ではもちろん南軍に属して戦った。南軍の総司令官ロバート・E・リー将軍は親戚にあたる。

「南北戦争は、奴隷制度にしがみつく頑迷な南部が反乱を起こしたかのように受けとめられがちだが、南部人はそう考えない。北部の人間に乗っ取られた連邦政府の横暴に耐えかね、州固有の権利を守るために立ち上がった戦いであったと、今でも多くの人が信じている。やむにやまれぬ戦いだったんだ」

バーク一族は代々、初代大統領ジョージ・ワシントン将軍が通った教会で、日曜日ごとの礼拝を欠かさない。少将は今でも同じ教会で役員を務める。教会を中心に古い家族が絆を保ち、伝統を維持する。今はすっかりワシントンのベッドタウンになってしまったアレキサンドリアにも、そうした南部の貴族的な文化がかすかに残っている。バーク少将には少年時代、カソリックの友人が一人しかいなかったという。もちろん黒人はまったく別世界に住んでいた。つきあってよい家柄とそうでない家柄が、厳然と分かれていた。南部というのは、そういう場所であった。

「第二次世界大戦の結果起こったことが、アメリカには一つある」

バーク少将は、絵を見ながら言った。

「それは南北戦争の傷跡がついに癒えたということだ」

軍の動員計画が実施されて、大規模な人口の移動が起こった。北部の人間が南部へ移り、南部の人間が北部や西部の軍事基地やその周辺に移動した。そして戦後そのまま住みついた。

「北部と南部の人間が肩を並べて働き、軒を接して暮らすようになって、敵対心やわだかまりがようやく消えたのだよ。共通の敵ドイツや日本と戦って、アメリカは一つという意識が初めて生まれた」

アメリカ国内で一つの大きないくさが戦われ、その傷跡が癒されるまで、同じ国民でありながらおよそ八十年かかった。日米戦争の傷跡がすっかり消えるまでには、もう三十年ぐらい、一緒に汗を流して働く必要があるのかもしれない。

アルコールが入ってすっかり機嫌がよくなった老提督は、辞去するアワーと私を外まで送って出た。車に乗り込む前、白い息を吐きながら長い腕を伸ばして握手をして、「私も年を取った。これからのことは君たちに任せるよ」と言う。発進する車の後ろで手を振ると、おもむろに家のなかへ入り扉を閉めるのが、後部の窓を通して見えた。

アワーの恩人ハロウェイ

アワーが紹介してくれたもう一人の提督は、ジェームズ・ハロウェイ元海軍作戦部長である。在日米海軍司令官政治顧問としてのアワーは、米海軍と海上自衛隊の関係をより緊密にすべく努力せよ、との任務を正式に与えられた。これは同盟国海軍との関係を重視するズムワルト海軍作戦部長の強い意向でもあった。この方針に従って、アワーは海軍の将官が日本にやってくると、海上自衛隊との関係のあり方についてブリーフィングを行なう。アワーは、短期的には海上自衛隊の指揮官養成機関である幹部学校に留学生を送るべきこと、長期的には米海軍と海上自衛隊で合同任務部隊を設立し共同で作戦遂行にあたるべきことを進言した。

この提言にもっとも好意的な反応を示したのが、当時第七艦隊司令官の地位にあったハロウェイ中将である。ハロウェイは、もし将来君の提言を実行に移すとき、自分が役に立つことがあったら何でも言ってくれと、わざわざアワーに言葉をかけた。

それから約三年後、ミサイル駆逐艦「パーソンズ」の副長を務めていたアワーは、ワシントンの海軍省が海上自衛隊幹部学校への留学生派遣を決定したと知る。何と選ばれたのは日本のことをまったく知らない飛行機乗りであった。語学研修を一年間受けさせれば、日本でやっていけるという判断らしい。釈然としないアワーは、作戦部長となっていたハロウェイ大将に思い切って私信を送り、日本で暮らしたことがない士官を幹部学校へ送るのは間違っている、一年間の語学研修では日本を理解するのに十分ではないと記した。

十日も経たないうちに返事が来た。人事局長とこの件について話した。そして君が留学生に選ばれるべきだということで同意した。ついては適当な語学学校を探して、その名前を人事局へ知らせよ。しかるべく命令を発出する。ハロウェイ中将はびっくりするほど、ものわかりがよかった。

こうしてアワーは一九七五年の九月から一九七六年の十二月まで、鎌倉にあるイエズス会の語学学校で日本語を勉強した。そのあと一年間海上自衛隊の幹部学校へ留学する。米海軍士官としては初めての留学生であった。アワーは語学学校に通っている時期、将来妻となるアメリカ人女性ジュディーとのデートに忙しくて、米海軍や海上自衛隊が期待するほど日本語がうまくならなかったと謙遜する。それはともかく、アワーと海上自衛隊とのつながりがこれをきっかけにしてさらに深まったのだから、ハロウェイ大将はジュリアン・バーク少将とともにアワーにとっては恩人とも呼ぶべき人である。

ハロウェイ大将をアナポリスの自宅に訪れたのは、ジュリアン・バーク少将と会った日から二日後の一九九五年十二月九日である。あらかじめアワーが連絡を取り、私からも直接電話をかけて訪問の趣旨を説明すると、会うことを快く承諾してくれた。ワシントンからアナポリスまでは車で約一時間ほどかかる。当日は朝から雪で、ハロウェイ大将から郵便で送られてきた地図を片手に、宿泊先の友人宅を早めに出発した。降りしきる雪がフロントガラスにさわっては後ろに流れる。高速道路を走るうちに、ガソリンタンクがほとんど空になっているのに気がついた。市内で入れておけばよかったのだが、もう遅い。あいにくこの高速道路には給油所などないらしい。思い切っていったん一般道に降りた。ところがあたりは一面雪に覆われた森で、人家もガソリンスタンドも何もない。ようやく見つけた森のなかの救急病院でスタンドのありかを聞き、給油をすませてから、高速道路へ戻る。

アナポリスの出口で高速道路を降りて地図を片手に州道をしばらく走り、通りの名を確かめ左に折れて森のなかの私道をゆっくりと行く。葉をすっかり落とした裸の木々が、一面白色の世界へ突き刺したように立っている。人っ子一人見当たらない沈黙の世界に、ふと見ると一台だけ大型のランドローバーが停まっていた。こんなところで何をしているのだろうと訝りながら通り過ぎようとしたとき、向こうの車の運転手が窓を開けて、「ミスター・アガワですか」と私に尋ねた。「そうですが」と答えると、「ハロウェイです。はじめまして。ここからの下り坂、あなたの車ではスリップして危ない。ここに駐めて、私の車で行きましょう」と、手際よく指示して、坂の下の自宅まで運んでくれた。何と、雪が積もって滑るのを心配して、提督自ら私の到着を丘の上で待っていたのである。

日米を問わず海軍の人は、偉くなってもこういうところ実に細やかな気配りをする。何時間そうしていたのかはわからない。時計を見るとちょうど約束の午前十時であった。早めにワシントンを出てよかった、給油にあれ以上手間取らなくて本当によかったと、私は内心胸をなでおろした。

ハロウェイ大将の家は、静かな森のなかに立っていた。広い居間から窓を通して外を見ると、すぐ目の下がチェサピーク湾の入江である。居間の壁には空母「エンタープライズ」の大きな油絵がかかっている。コートを脱いで改めて挨拶した。痩せ型で長身のバーク少将と比べ、それほど背は高くないが、がっちりしていて若々しい。とても七十代後半には見えない。大将はそれから昼食をはさみ、二人きりで四時間ほどつきあってくれた。

強敵日本海軍

ハロウェイ大将は、一九二二年（大正十一年）にサウスカロライナ州チャールストンで生まれた。父親が海軍提督、母方の祖父が陸軍の将軍という、軍人一家である。兄弟の一人がウェストポイントの陸軍士官学校を出たし、いとこで海軍に進んだ者がいた。夫人の父親も海軍提督である。民主主義の国アメリカでありながら、代々軍人という家は珍しくない。とりわけ海軍には、ある時期まで一種貴族的な雰囲気があった。そうした環境にあって、日本こそアメリカの仮想敵国だと父から教わって育った少年が海軍を目指すのは、ごく自然な成り行きである。

希望どおり、一九三九年にアナポリスの海軍兵学校へ入学する。一九四一年十二月七日には、将来の妻と外出していた。兵学校の門まで帰ってきて、真珠湾攻撃を知る。そのとき、実は真珠湾がどこにあるか知らなかった。ニュースに接して最初は、「やった、これで日本を完全にやっつけた」と考えたそうだ。当時大方のアメリカ人は、日本が安物の粗悪品しか作れない国だと思っていた。ジャップが旧式の複葉機でハワイの太平洋艦隊を攻撃しても、次々に撃墜されてしまうはずだ。そう考えたという。ところが詳細が明らかになるにつれ、事態の深刻さが判明する。ワシントンの海軍省艦艇局にいた許婚の父親が、「こっぴどくやられた」と教えてくれた。真相を知って、ハロウェイと周囲の候補生たちは、日本海軍の腕は確かだ、我々が兵学校で教わった通りの方法で見事に奇襲攻撃を成功させた、これは手ごわい敵だと思ったそうだ。

ローズヴェルト大統領は真珠湾をだまし討ちだとして徹底的に非難したし、国民の多くもそう考えた。しかし、あれは戦意高揚のためのプロパガンダだったと、ハロウェイ大将は言う。海軍内部にいるものは、日本海軍の技倆の高さに、一種の尊敬さえ覚えたと言うのである。

一九四二年六月に兵学校を卒業した。大戦の勃発で一年繰り上げての卒業である。戦局は芳しくなかった。南太平洋で撃沈された巡洋艦の乗組員がワシントンに帰ってきた。一様にショック状態にあった。厳しい報道管制が敷かれ、米海軍艦艇が沈んだニュースは一般国民に知らされなかった。アメリカ海軍はずいぶん長い間なかなか日本海軍に勝てず、目立った戦果を上げたのは、ソロモン水域で駆逐艦部隊を率いるアーレイ・バーク大佐、ムースバーガー大佐など、ごく一部だけであった。

ハロウェイ大将は、アメリカ海軍が戦争に勝ったのは結局物量の差によるもので、もしその差がなければ日本が勝っただろうと語る。「ちびのジャップ」などというのは非戦闘員向けの宣伝文句であり、海軍軍人の多くは敵である日本海軍の能力を高く評価していた。

兵学校卒業後少尉として駆逐艦「リングゴールド」に乗り組み、最初は大西洋ならびに北アフリカ方面で活動した。一九四二年十二月ボストンで駆逐艦「ベニオン」へ転任、パナマ運河を通って太平洋へ出ると二年間、サイパン、パラオ、テニアンと転戦する。もっとも華々しい働きをしたのは、一九四四年十月二十五日、レイテ上陸作戦と同時に戦われたスリガオ海峡海戦のときである。

米軍部隊のフィリピン上陸を艦砲射撃で支援したあと、敵艦隊接近中の知らせを受けて、「ベニオン」などオレンドルフ少将率いる第七艦隊の艦艇は、海峡の出口で待ち受ける。そして北上してきた西村祥治中将率いる第二戦隊と真正面からぶつかり、二十五日未明大規模な魚雷戦と砲撃戦になった。まず魚雷艇が日本側艦艇に魚雷を放ったあと、海峡の左右に分かれた駆逐艦群がそれぞれ縦列に南下、順番に魚雷攻撃をはじめる。同時に敵味方一斉に砲撃を開始した。「ベニオン」も回頭しながら戦艦「山城」に五発魚雷を発射し、全速で北に離脱した。この間右舷前方に砲撃中の敵艦を認め、残った五発の魚雷を打ち込む。

夜明けが近くなり再び転針して海峡に戻ると、洋上には油、沈んだ船の残骸、そして生き残った日本兵多数が漂流していた。「ベニオン」は損傷を受けて南へ逃げようとする駆逐艦「朝雲」にとどめを刺す。この戦いで、第二戦隊旗艦の戦艦「山城」と戦艦「扶桑」以下、日本艦隊はほとんど全滅する。若いハロウェイ大尉にとって、生涯でもっとも劇的な海戦はこうして終わった。一週間後、駆逐艦を降りたハロウェイは米本土へ帰り、飛行機乗りとしての訓練を受けて終戦を迎える。

戦場での体験にもかかわらず、ハロウェイ大将は敵である日本人に対して憎悪感を抱いたことがないという。むしろ日本海軍は敵ながらあっぱれとの感じが強かった。パールハーバーでは友人が死んだし、兵学校のルームメートも戦死した。しかし戦争で戦死者が出るのは当たり前と考えた。いとこの一人はコレヒドールで日本軍の捕虜となり、バターンの行進を経験したが、戦後まったく憎しみを抱かず、むしろ周囲が驚いた。「我々は戦いに負けたんだ。日本軍は厳格だったけれど、自国民にも同じように厳格だった」と語った。ずっとのちにヴェトナムで捕虜になった友人も、同じように憎悪の感情を長く引きずらなかった。それが軍人というものだとハロウェイは言う。死ぬまで日本人を嫌った提督を一人知っているが、そういう人は稀だった。

スリガオ海峡での戦闘中、部下の水兵が泳いでいる日本兵を撃ち殺していいかと許可を求めた。「だめだ」と答えると、「でもやつらはロビーをやったんですよ」と言い張る。上陸作戦支援中に敵の砲火で重傷を負った戦友の復讐をしたいというのである。それでもハロウェイは許さなかった。

日本との出会い

ハロウェイは一九五一年(昭和二十六年)の秋、はじめて日本を訪れる。空母「ヴァレー・フォージ」乗り組みの艦載ジェット攻撃機パイロットとして、横須賀に入港した。着艦したジェット戦闘機を止める強力なネットを飛行甲板に取りつけるのが、寄港の目的である。寒くて暗い日であった。ドックで作業する日本人を見て、これが敵であった人々かと思うと、妙な気がする。しかし横須賀艦船修理部の仕事は文句のつけようがないほど素晴らしかった。現場の労働者はよく働き、仕事が丁寧であった。ハロウェイは日本人に対して尊敬の念をいだく。

朝鮮戦争中、空母から発進する戦闘任務に三十日間従事すると、十日休暇がもらえた。ハロウェイはパイロットとしても優秀であったらしい。北朝鮮のダムを爆撃するパイロットを主人公にした映画のモデルにもなっている。休暇はもっぱら日本で過ごした。次第に日本への親しみがわいた。一九五八年には金門馬祖両島をめぐる危機がおこり、空母「エセックス」のA−4型艦上攻撃機飛行隊長として台湾海峡に出動、帰路日本へ立ち寄る。その後一九六五年には原子力空母「エンタープライズ」の艦長となり、ヴェトナム沖で作戦に従事した。同艦が一九六八年、佐世保に入港し、猛烈な反対運動が展開されたときにはワシントンの海軍作戦本部にいて調整をはかった。海上自衛隊が全面的に協力してくれた。原子炉の安全性には自信があったが、寄港が無事に終わってほっとした。

一九七二年（昭和四十七年）五月、ハロウェイは第七艦隊司令官に就任するため横須賀へ帰ってきた。ただちにA−4型艦上攻撃機を自ら操縦して南へ飛んで空母へ着艦し、司令官交代式はトンキン湾で北ヴェトナムを砲撃中の旗艦「オクラホマシティー」艦上にて行なう。一ヵ月後横須賀へ帰ってくると、石田捨雄海上幕僚長に挨拶に出かけた。ヴェトナム戦争の真っ最中で海に出ていることが多かったが、日本にいるときは努めて海上自衛隊の指揮官と会った。海上自衛隊の艦艇を訪れ、訓練が行き届いているのに感心する。第七艦隊と海上自衛隊で、航空機も交え対潜戦闘訓練を行なった。

作戦部長ハロウェイ

こうした経歴を経たあと、ハロウェイ大将は一九七四年七月、第二十代の海軍作戦部長に就任する。大将は前任のズムワルト大将に引き続いて、海上自衛隊との関係を大事にした。当時の海上幕僚長は中村悌次海将である。中村はハロウェイを日本に招き、またハロウェイが中村を逆にアメリカへ招いて、両者は意見を交換する。ハロウェイは中村にこう語った。米国軍事予算には引き続き削減の圧力がかかるだろう。アメリカ海軍だけで極東の安全を確保することはできない。であれば将来米海軍と海上自衛隊は戦略的な役割を分担すべきである。第七艦隊はソヴィエトのバックファイア戦略爆撃機から日本を守る。海上自衛隊は宗谷、津軽、対馬の三海峡を監視して、ソヴィエト海軍の通行を抑えてほしい。また中東からの石油輸入に全面的に依存している日本は、シーレーンを一〇〇〇マイル程度自分で守るべきである。「マヤゲス」号乗っ取り事件に見られるように、シーレーンを妨害すれば小国でも日本の通商活動を効果的に破壊できる。

これに対して中村は、全く同感だが、そのためには海上自衛隊は、まずもってシーレーンを防衛できるだけの作戦能力を備えねばならないと述べたという。残念ながら、当時の海上自衛隊にはまだそこまでの力がなかった。

こうしたやりとりは、もちろん公式なものではない。しかし彼らが語り合った海上自衛隊と米海軍の任務役割分担は、やがてレーガン政権時代ほぼその通りに実現する。それより五年以上前、ハロウェイと中村はすでに日米海上兵力の進むべき道について議論していた。

この二人は何も隠し立てせずに話し合えたし、お互い話した内容を他には決して漏らさなかった。中村はまた、ハロウェイが答えにくいような微妙なことを無理に尋ねようとしなかった。ハロウェイは中村を一〇〇パーセント信頼していたという。

なぜそのような信頼関係が築けたのか。アナポリスの町の海岸に近いとあるレストランで一緒に食事をしながら私が尋ねると、ハロウェイはしばらく考えてからこう答えた。

「やはり中村提督がすぐれた指導者だったからだと思う。非常に頭のよい人であったし、こちらとまったく同じように考えたから、多くを語る必要がなかった。他の国、他の指導者ではそうはいかなかった」

「海上自衛隊と米海軍は、英国海軍から伝わった伝統を共有している。海上自衛隊は法的に海軍でないけれど、その錬度の高さ、職業意識の高さ、ユーモアのセンス、品格、手際のよさ、すべての面で一流のネイヴィーである。同じ事態に接して同じように考え対処する訓練ができている。あまりごちゃごちゃ言わなくても、すぐに一緒に仕事ができる。そういう意味で、実にやりやすい相手だった」

果たして二十年後の今日、海上自衛隊と米海軍の指導者のあいだに、中村とハロウェイとのあいだに存在したような深い信頼関係があるだろうか。別れる前に私がそう尋ねると、車を運転しながらハロウェイは一瞬考え込んだ。

「ウーン、どうかな。もちろん個人的な側面があるから一概には言えない。しかし後輩たちはかつての我々ほど頻繁に会っていないかもしれない。他にすることが多くてなかなか暇がないようだ。私は米海軍が少し官僚的になっているのではないか、と心配している。しかしいずれにしても、海上自衛隊と米海軍の指導者たちは、これからも強固な信頼関係を維持していくと信じているよ。そのためには努力が必要だがね」

ハロウェイ大将の海軍作戦部長としての任期が切れるころ、ジミー・カーターが新大統領となった。カーター政権は韓国駐留米軍の引き揚げなど、新たな海外兵力削減計画を打ち出す。韓国や日本の強い反対にあい、半島撤退計画は撤回したが、それだけではなかった。ハロウェイ大将によれば、大統領自身海軍の出身であったにもかかわらず、同じころハロルド・ブラウン国防長官を中心に艦隊の規模縮小をも政策として検討したそうである。ブラウン国防長官は空軍長官を務めた経験があり、海軍力を軽視する傾向があったとハロウェイは言う。危機感を抱いた作戦部長は、上院軍事委員会で証言を求められたとき、自分の考えを率直に述べた。制服組の長である海軍作戦部長は、文官である国防長官や海軍長官の命令に従わねばならないが、求められれば議会や大統領に対して自分の意見を直接率直に述べることを許される。それが、アメリカの伝統である。

ハロウェイは、もし計画どおり艦隊規模を縮小したら、米海軍は大西洋と太平洋で二つの戦争を同時に戦えない。したがって日本を防衛する義務を果たせない。ソヴィエトからの攻撃を受けた際、米軍を支援協力するよう日本に求めるのであれば、日本は当然アメリカが日本を防衛してくれるものと期待するであろう。その保障がなければ、日本にとって日米安保条約の意味はない。同盟は片務的であってはならない。

ハロウェイ大将のこの証言を受けて、ブラウン国防長官は日本を訪れた。日本側の意見を聞いたあと、カーター政権の太平洋艦隊縮小計画は白紙に戻される。一九七八年（昭和五十三年）には日米間で安保条約の実施にかかわる最初のガイドラインが締結されたのだから、ハロウェイ大将は日米安保体制を支えた陰の功労者であるのかもしれない。

二つの海軍兵学校

ハロウェイ大将の車から自分の自動車に乗り移り、別れを告げたあと、私はワシントンへ戻る前にアナポリスの海軍兵学校へ立ち寄った。留学生時代はじめて訪れてから、もう何度目だろうか。江田島と同じように海に面して開けた広大な敷地に、歴史のある校舎が整然と並ぶ。体育館のなかにアイススケートリンクがあり、学生がアイスホッケーの試合をしていた。若い候補生たちがものすごい勢いで体をぶつけあい戦っている。アイスリンクから発散する冷気にもかかわらず、熱気が伝わってくるようである。

この学校からかつてジュリアン・バークやジェームズ・ハロウェイら、米海軍の若い少尉たちが卒業し、太平洋で戦った。そのうちの多くは、再びこの場所に帰ってこなかった。同じように、内田一臣や中村悌次ら帝国海軍の少尉たちが江田島を卒業して遠洋航海に、そして戦場へと出ていった。その多くもまた再び故国の土を踏まなかった。

戦後に生き残った彼らは、命を落とした仲間の分も引きうけて、日米の海の友情を育ててきたのである。今はアナポリスで海上自衛隊の幹部が訪問教官として米海軍候補生を教え、江田島で米海軍の士官が同じように海上自衛隊の幹部候補生を教えている。この伝統は大切にせねばならない。そう思いながら、私はアナポリスをあとにした。

Ⅷ　江田島のはなみずき、アナポリスの桜

アワー艦を下りる

海上自衛隊幹部学校留学中、海軍中佐に昇任したジェームズ・アワーは、一九七八年（昭和五十三年）一月、横須賀を母港とする米海軍第七艦隊フリゲート艦「フランシス・ハモンド」の艦長となった。米海軍でも海上自衛隊でも、艦長は夢のポストである。どんなに偉くなっても、艦長を務めたときの充実感には及ばない。いったん海軍に奉職した以上、一度は艦長をやってみたい。みんなそう思う。アワーは夢が実現して幸せであり、得意でもあった。潜水艦乗りと飛行機乗りを別にすれば、当時米海軍で艦長になれる士官は三人に一人しかいなかった。

一九七九年一月に艦を下りたあと、アワーは今後の進路について考える。これまでの経歴からして、次の仕事としては太平洋艦隊司令部、あるいは海軍作戦本部の幕僚が考えられた。どちら

も中枢での責任ある任務である。当時太平洋艦隊司令長官の地位にあり、少しのちに作戦部長となるカール・トロスト大将は、第七艦隊司令官在任中にアワーを知っていて、自分のスタッフに加わらないかと誘った。しかしアワーはできれば日本関係の仕事が続けたかった。

ちょうどそのとき、ワシントンの国防総省で東アジアおよび太平洋地域担当の国防次官補代理の職にあったのが、のちの駐日大使マイケル・アマコストである。既述のようにアワーは在日米海軍司令官の政治顧問時代、在京の米国大使館政治部で開かれたミーティングに週一回顔を出し、そこでインガソル大使の特別補佐官を務めるアマコストと知り合った。学者出身のこの外交官は、自分は将来ペンタゴンで働いてみたいと思っている、もし希望が実現して君が私と一緒に働く気があればいつでも言ってくれと、東京を離れる前アワーに親切な言葉をかけた。

この申し出を思い出したアワーは、ワシントンに電話をかけて状況を説明し、ペンタゴンで日米安全保障問題を手がけたい意志を伝えた。アマコストがこれを受け入れ、海軍省人事局の承認も取れて、アワーはワシントンへ飛び、一九七九年四月、国防総省のジャパン・デスク、つまり日本担当課長となる。艦を下りるのがもう少し遅かったら、アマコストはすでに国防次官補代理の地位を去っていて、多分この人事はなかった。船乗りであるアワーにとって海を去るのは寂しかったけれど、その代わりに公人として働いた最後の約十年間、ペンタゴンで日米同盟関係に直接かかわるという、やりがいのある仕事ができた。

アーミテージとの出会い

アワーがワシントンへ戻りペンタゴンで働きはじめたのは、カーター政権時代である。国防長官ハロルド・ブラウンの下に国防次官補を筆頭とする国際安全保障局があって、国防長官のミニ国務省と呼ばれていた。政治と軍事の接点として、予算上も権限上もきわめて強力である。リンドン・ジョンソン大統領の時代には、米ソ軍縮交渉で有名なポール・ニッツェがこの部局を任され、ラスク国務長官より強力だといわれた。アワーはここで、最初アマコスト国防次官補代理の部下として働いた。

約二年後の一九八一年一月、ロナルド・レーガンが大統領に就任し、この部局はいっそう強力となった。ペンタゴンとの関係がぎくしゃくしたカーター政権と異なり、レーガン政権は国防を重視した。多少の紆余曲折があったものの、八三年までに国防長官がキャスパー・ワインバーガー、アジア太平洋地域担当の国防次官補がリチャード・アーミテージ、日本課長がジェームズ・アワーという体制が確立した。ちなみにこのころワインバーガー国防長官の補佐官を務めたのが、アーミテージと近い関係にある、のちの統合参謀本部議長で新ブッシュ政権の国務長官となったコーリン・パウエルである。さらにパウエル大将の息子マイケルは、現役の陸軍士官時代、一時アワーのもとで働いていた。

アーミテージは海軍の出身である。一九六七年に海軍兵学校を卒業した。アメリカはヴェトナムでの戦争に深く介入し苦戦していた。アーミテージは自ら志願し、この戦争で危険な作戦に従事する。一九七三年一月にパリでヴェトナム和平協定が締結されると、戦いを途中でやめることに抗議して海軍を辞めてしまう。ただしサイゴンにある米軍駐在武官本部の民間人顧問としてヴェトナムに留まり、特殊任務についた。シルヴェスター・スタローンが演じた映画の主人公ランボーは彼がモデルだという、まことしやかな説がある。

いったんワシントンへ戻ったが、一九七五年四月に北ヴェトナム軍がサイゴンに迫ると、国防省から特定南ヴェトナム人の救出作戦実行を頼まれる。六年間の長きにわたってヴェトナムで戦って、その最期を見届けずにはいられない。パンアメリカン航空の最後の定期便で戦乱の国へ戻り、陥落寸前の市内に入る。北の軍隊に包囲されたサイゴン郊外のビエンホア空軍基地にヘリコプターで乗り込み、機密保持のために基地内の機器を破壊してまわった。そして取り残されていた南ヴェトナム空軍の将兵三〇人と一緒に、間断なく撃ちこまれる砲火のなかを命からがら脱出した。そのあと南ヴェトナム海軍艦艇と将兵およびその家族数千人を率い、八日かかって無傷でフィリピンまで連れてきた。アワーと同様、アーミテージは典型的なヴェトナム戦中派に属する。

その後ワシントンへ戻り、ロバート・ドール上院議員の事務所で補佐官として働いた。レーガン大統領候補の選挙戦に加わり、功績が認められ、政権に入る。大統領の特使としてフィリピンの独裁者フェルディナンド・マルコスやパナマの独裁者マヌエル・ノリエガと直談判をして民主化を勧めたり、アフガニスタンのゲリラ、ムジャヒディンの代表と交渉したあと、ナイフを振りかざす彼らと一緒にテーブルを囲んで羊の肉を食べたりと、世界中を飛び回って危機や紛争の解決にあたった。実に勇ましい国防外交問題のエキスパートである。しかしがっちりした体軀とは裏腹に心優しい人で、自宅では黒人の子供を何人も里子として引き受け育てている。

アーミテージが国防次官補であったころ、ペンタゴンに日本の国会議員団がやってきて面会したことがある。少し遅れて姿を現したアーミテージは、昨晩寝ていないために皆さんの質問に的確な回答ができないかもしれないと、会談の冒頭ことわりを言った。

「里子の一人が熱を出して苦しがり、一晩中腕に抱いてあやしていたため、眠れませんでした。そして子供を抱きながら考えました。君は肌の色が黒いが、アメリカに生まれてよかった。この国でならたとえ差別があっても、努力さえすればどんな職業にでもつける。はやく熱をさましてがんばれってね」

アーミテージの述懐を聞いて、ある社会党の議員が、「今日あなたに会って、レーガン政権の好戦的な安保政策についてたくさん文句を言おうと思っていたけれども、今の話を聞いて何にも言えなくなった」と述べたそうだ。

若干年下ではあるものの同じ海軍出身であるアーミテージを上司に得て、アワーの仕事は格段にやりやすくなった。アーミテージはヴェトナムで戦った勇ましい武人であるだけでなく、抜群の知力を有し、判断が常に的確であった。アワーはアーミテージのことを、クロゼット・インテレクチュアル、つまり隠れインテリと呼んでいる。カーター政権から居残ったアワーを最初警戒するふうがあったが、しばらく一緒に仕事をするうちに全面的な信頼を寄せるようになった。対日政策について、アワーがアーミテージに提言する。彼はそれをよく聞いて、同意すれば直接ワインバーガー国防長官に伝え、実行に移した。

このラインがよほどよく機能したからであろう。八三年にアワーが規定により中佐で海軍を退役するとき、ワインバーガーは彼を自室に招き、レーガン大統領と自分はアワーが退役すると聞いて遺憾に思っている、制服を脱いだあともできれば国防省に留まってほしいと要請した。明らかにアーミテージの進言を得ての言葉であったが、アーミテージは長官の発意だと言い張った。

政治的任命であるこの人事は、ホワイトハウスの承認を必要とする。必要な書類を提出してからしばらくして、ホワイトハウスはこの人事案を却下した。共和党内の対日強硬派が、アワーは日本に近すぎる、アーミテージを日本びいきにしようと画策していると主張して、ストップをかけたのである。しかしワインバーガーとアーミテージが強硬に抗議して、この決定はくつがえされる。二人に対するアワーの信頼がさらに高まったのは、いうまでもない。

こうしてアワーは文官の日本担当部長として、同じ仕事を八八年八月まで続けた。ヴァンダービルト大学に移った今も、アワーとアーミテージのつながりは強い。

日本課長アワー

アワーが国防省で働いた約十年間は、日本の防衛政策担当者、特に海上自衛隊にとっては、非常に幸せな時代であった。何せ、ついこのあいだまで横須賀で仲間としてつきあっていた米海軍中佐が、ペンタゴンで政策決定の中枢にいるのである。この時代のアワーをおそらくもっともよく知るのは、八一年から八四年までワシントンで防衛駐在官を務めた川村純彦元海将補であろう。薩摩出身で海軍一家に育ったこの対潜哨戒機P－3Cのパイロットは、防衛大学校四期生。すでに七一年からアワーと面識があった。アワーがミサイル駆逐艦「パーソンズ」の副長だった時期、横須賀米海軍基地で海上自衛隊のリエゾン・オフィサーであったこともある。海上自衛隊と米海軍の共同作業には、人一倍の経験を有している。

ワシントンに赴任してからは、ウォーターゲートビルにある防衛駐在官の事務所からポトマック川を渡り、ほとんど毎日のように対岸のペンタゴンへアワーを訪れる。あらかじめ約束などする必要はなかった。必要な情報は何でもくれた。ペンタゴン内の海軍各部局も同じである。いつ行っても歓迎される。行くと何か手助けはいらないかと、向こうが言ってくれる。陸や空の防衛駐在官はこうはいかない。いちいち面会の約束を取らねばならない。米海軍と海上自衛隊との関係はまことに緊密かつ特別であった。

アワーは日本時代の人脈をフルに活用した。海上自衛隊に関して何か日本側に確かめたい疑問、感触を探りたい事項があると、アワーは横須賀時代の親友木村英雄に電話をした。木村はそれを海上自衛隊の元幕僚長である内田一臣や中村悌次につなぐ。さらに内田や中村が当時の海幕長大賀良平など海上自衛隊の首脳に連絡した。非公式な交渉チャネルは他にもいくつかあって、きわめて有効に機能した。日米政策担当者間にこのような個人的な信頼関係があったからこそ、八〇年代の日米防衛協力はうまくいったのである。

中村ライン

アワーは国防総省で、もちろんアメリカの国益のために働いた。ただ、それまでの経歴からも与えられたポストの性格上も、日本との安全保障関係充実に力を注いだ。特に海上自衛隊との協力体制強化に心を砕く。まず提言したのは、海上自衛隊がシーレーン、つまり海上交通路を自ら防衛するという案である。

海上自衛隊が自らのシーレーン防衛を引き受けてくれることは、アメリカ側に大きなメリットがあった。海軍力を西太平洋へ投入せずにすめば、他の分野へ展開できるからである。いわば日米の海域分担である。海上自衛隊は日本列島から南へ伸びるシーレーンを中心とする海域で、また宗谷、津軽、対馬の三海峡で、ソヴィエト潜水艦の動きを昼夜監視する。米海軍は日本が防衛しきれない南東太平洋やインド洋のシーレーンを守ると同時に、いざというとき空母機動部隊でソ連を叩く。

ただし米政権内部にも、日本がその軍事プレゼンスを増大させることについて、国務省を中心に否定的な見解があった。戦後の日本には軍事アレルギーがあるから、こうした役割を求めるべきでないというのである。日本の軍事大国化を警戒する向きもあったろう。これに対しアワーは、ソ連の軍事力抑止のため日本を信頼しその協力を求めるべきだ。アメリカは日本の助力を必要とする。また日本にはシーレーン防衛に必要な装備を備えるだけの財政的能力がある。信頼して協力が求められないのなら、同盟の意味はない。こう主張した。

シーレーン防衛は、そもそも海上自衛隊の長年の夢であった。それどころか、海上自衛隊発足の根本理由だといってもよいだろう。なぜなら、敵の攻撃から日本の国土を守ることのみが自衛隊の役割であれば、海に関しては沿岸警備にあたる海上保安庁だけで用が足りるからである。

アワーは日本で海上自衛隊創設の事情を調べたときに、京都大学の高坂正堯教授がもらした言葉をよく覚えている。自分は海上自衛隊の任務がよく理解できない。専守防衛に徹するならば、海上自衛隊は必要ないではないか。一体海上自衛隊は何をめざしているのか。アワーは、高坂教授のこの疑問こそ、海上自衛隊の存在意義に関する根源的な問いかけだと思った。

海上自衛隊がめざしたのはもちろん、日本の領海を一歩も出ない専守防衛ではない。広い太平洋に出て、海洋国家日本の海上交通路を守ることである。海上自衛隊の指導者たちは、これをブルーウォーター・ネイヴィーへのあこがれと呼んだ。碧い海原を行く海軍を想う言葉である。しかし予算もない艦もない初期の海上自衛隊にとって、その実現は不可能に近かった。防衛庁内部にも、たとえばのちに国防会議事務局長を務めた海原治のように、海上自衛隊が領海の外に出て活躍することに否定的な立場をとる者があった。それでも海上自衛隊の制服組は、いつの日かブルーウォーター・ネイヴィーたらんと夢見て、日夜訓練を続けたのである。

アワーは幹部学校留学中、壁に貼ってある大きな地図に太い線が引かれているのを見た。大阪湾から南西諸島ぞいに台湾とフィリピンのあいだのバシー海峡まで続く線と、東京湾から硫黄島を経由してグァム島の北まで延びる線を、教官や学生は中村ラインと呼んでいた。中村悌次海幕長の引いた、海上自衛隊が本来守るべき日本の海上交通路という意味である。二つの線はそれぞれほぼ一〇〇〇海里の長さがあり、一〇〇〇マイル・シーレーン防衛構想の最初の出所となった。それ以遠、たとえばバシー海峡からペルシャ湾まで、あるいはグアムから北米大陸までについては米海軍の制海権に頼るというのが、暗黙の前提である。中村は自分の名前がついたそのような線はなかったと言うが、アワーは中村から直接、こうした海上自衛隊の防衛構想をたびたび聞かされたのを覚えている。

任務役割分担

アワーの提言には、このように海上自衛隊が抱いた長年の夢が投影されていると考えて間違いない。海上自衛隊発足の研究を行ない、海上自衛隊の学校で勉強したアワーが、その成果を自国の国益に照らして再構築し、アメリカ側の要望として日本へぶつけたのである。早くも一九七九年の日米安保事務レベル協議の席で、アマコスト国防次官補代理が日本に対して北太平洋の防衛を要請したのは、アワーの助言によるものであった。

一九八一年二月には、国防次官補代理に就任したばかりのアーミテージがアワーを伴い、対日安全保障政策のあるべき方向を探るため非公式に来日する。レーガン政権発足後、はじめて日本を訪れた高官であった。カーター政権とは一味違う新しい政策を打ち出したい。こう考えたアーミテージは、外務省の丹波実安保課長や防衛庁の岡崎久彦国際問題担当参事官、自民党の椎名素夫政調副会長、アワーの友人である木村英雄などと積極的に会い、意見を交換した。このときはじめて出た考え方が、日米海上兵力の任務役割分担（ロールズ・アンド・ミッションズ・シェアリング）である。海上自衛隊と米海軍が役割を分担し、二つで一つの海軍となる。海上自衛隊は対潜水艦作戦や機雷掃海などを行ない、一方アメリカ海軍は空母機動部隊を中心とした攻撃能力を提供することにより、共同でソヴィエトの脅威に対処するべきだ。

アーミテージにこの考えを最初に説明したのは自分だと言う木村英雄は、これを内田ドクトリンと呼んでいる。戦後日本が置かれた国際環境を勘案したうえで、内田海幕長以来、海上自衛隊の首脳が考えつづけたブルーウォーター・ネイヴィーの役割を煎じ詰めると、論理的にここへ行きつくというのである。木村によれば、これに対し中村悌次海幕長は、理屈はわかるが、日米海上兵力を一つにし、ここまで育ててきた海上自衛隊を将来にわたって一人前のネイヴィーにできないのは、情において忍びないと、あるとき述べたという。できればすべて自前でやりたい、しかしそれはできないし賢明でもないというのが、かつての帝国海軍を知る海上自衛隊指導者たちの率直な心情であった。

まったくの余談だが、このときアーミテージをもてなすのに、増岡一郎と木村英雄の口ききで代議士の山下元利が金を出し、ある料亭に席を設けた。外務省の高官や木村たちがアーミテージと一緒に杯を交わすなか、仲居さんたちが彼の厚い胸板を見て驚き、触らせろとうるさい。英語で注文の趣旨を聞いたアーミテージは、相好を崩して答える。「こういう要請を受けたのは初めてだ。日米関係は何事もレシプロカル、つまり双務的でなければならない。本要請も、双方向ありなら受けましょう」同席した木村から聞いた話である。

アワーによれば、ロールズ・アンド・ミッションズという言葉を初めて使ったのは、レーガン政権の初代国務長官に就任が決まったアレキサンダー・ヘイグ陸軍大将である。イランからの石油購入や防衛予算について公然と日本を非難したカーター政権を念頭に置きながら、レーガン政権下では同盟国を表立って批判することは避け、非公開の席で安全保障に関するそれぞれのロールズ・アンド・ミッションズについて率直に意見を交わしたい。こう述べた。

これを知ったアーミテージとアワーは、日米間の任務役割分担についてメモを作成し、ワインバーガー国防長官に提出する。日米が各々防衛すべき海空域を分け、それぞれが分担する任務を定め、軍事技術は最大限相互に提供しあうとの内容であった。ちょうど同じころ、レーガン政権下で留任が決まったマイク・マンスフィールド駐日大使からレーガン大統領に電報が送られ、安全保障問題と通商問題について新大統領がなるべく早く対日政策を表明するようにとの意見具申がなされた。大統領はこの助言に従って関係各省に政策提言を行なうよう要請し、安全保障についてはアワー・アーミテージ作成メモの内容がレーガン政権の政策として正式に採用される。

シーレーン防衛

一九八一年（昭和五十六年）三月、ペンタゴンを訪問した伊東正義外務大臣に対し、ワインバーガー国防長官はこの政策を正式に伝え、日本の協力を要請した。「グアム島以西、フィリピン以北の北西太平洋海域に、ソ連の海軍勢力が大分出てきている。日本としても西側の一員として防衛努力をしてもらいたい。特に対潜、防空能力、とりわけソ連潜水艦に対する対潜哨戒能力を強化してもらいたい」と発言したのである。

外務大臣の反応は鈍かった。随行した外務官僚から耳打ちされて、この提言を実行するのは集団的自衛権の問題にひっかかる恐れがあり憲法上難しいかもしれない、いずれにしても東京へ帰ってから検討してのちほど答えるとしか言わない。「のちほど」というのは日本語ではどのくらいの期間を指すのかとワインバーガー長官からあとで問われ、アワーは「明日」から「百年後」まで、あらゆる場合が含まれると答えた。

情勢が変わったのは、その年の五月である。前年急死した大平正芳総理大臣のあとを継いで就任した鈴木善幸総理が、ワシントンを訪れる。そしてレーガン大統領との共同声明のなかで、「日米両国の同盟関係」という言葉を初めて使い、「日米両国間において適切な役割の分担が望ましいことを認めた」と公言した。そのうえ総理は、ナショナル・プレスセンターで演説した際、ある記者の質問に答え、日本の海上作戦の地理的範囲は、「わが国周辺数百海里、航路帯を設ける場合はおおむね一〇〇〇海里の海域で海上交通保護を目標とする」という主旨の発言をする。

当時防衛庁にいた岡崎久彦によれば、総理の発言は、それまで岡崎らが国会で答弁した内容を集大成して作成されたものであって、別に突出した内容を含んでいたわけではない。しかしここまで踏み込んだ内容の発言は、この時点ではまだなかった。

驚きかつ喜んだのは、アーミテージやアワーなど国防省の対日政策チームである。彼らはこれを、ワインバーガー長官が伊東外相に対して行なった要請に応じるという、日本の公約と受け取った。日本の総理大臣もけっこうはっきりとものを言うではないか。

しかしもっと驚いたのは、どうやら鈴木総理本人であったらしい。レーガン大統領との初めての会談が無事終わり、ほっとして帰路アラスカで日本の新聞を手に取ったら、一〇〇〇マイル・シーレーン防衛公約の記事が大きく出ている。総理は自分の発言のもつ意味をまったく理解していなかった。プレスに対する声明は、ただ官僚の作成した作文を棒読みしただけである。レーガン大統領との会談で、日本が平和国家であること、新憲法は平和主義を旨としていることを自分はもっぱら言った、日米同盟関係に軍事的側面はないと、強弁する。共同声明作成に不備があったとして、伊東外務大臣は辞任させられた。後任の園田直外相は共同声明には拘束されないなどと後退した発言を繰り返し、アメリカ側を怒らせる。

けれどもいったん発表された共同声明は、一人歩きを始める。多少ぎくしゃくはしたものの、この共同声明とシーレーン防衛の約束が基調となって、日米防衛協力は次第に強固なものとなる。決定的であったのは、八二年十一月になって中曽根康弘が総理大臣に就任したことであった。何もわからずにワシントンで声明を読み上げた鈴木首相とは異なり、中曽根首相は日米同盟のソ連に対する戦略的意義をよく理解していた。そしてアメリカが抱く期待に応え、任務役割を分担すべく、精一杯の努力をする。

たとえば日本の国防費は八一年から約五年間で急速に増加し、八〇年代の終わりまでに海上自衛隊は質量ともに世界有数の海軍になった。海上自衛隊の対ソ連潜水艦捜索能力は、同じころ新しく導入されたP－3C対潜哨戒機を中心に飛躍的に進歩する。米海軍と海上自衛隊の同型対潜哨戒機がコンピューターで直接情報を交換しながら、緊密な連携によって行なう一日二十四時間、週七日の間断なき対戦哨戒活動により、極東のソ連海軍は手も足も出なかった。そのうえ同国の経済が日米およびNATOとの軍拡競争に耐え切れず、ソ連はついにタオルを投げ入れる。アワーは、海上自衛隊と米海軍の共同行動があったからこそ、西側陣営はソ連との冷戦に勝てたのだと確信している。

リムパックへの参加

政治レヴェルでの決定とは別に、八〇年代の緊密な日米防衛協力を海上での運用レベルで可能にしたのは、海上自衛隊や米海軍の将兵である。日米海上兵力の任務役割分担を実行するためには、絶対必要条件が一つあった。それは海上自衛隊と米海軍間の高度な共同作戦遂行能力である。任務役割分担について日米の政治家がいくら強い決意を表明しても、両国の部隊がともに作戦を遂行できなければ、何の意味もない。そのためには海上自衛隊と米海軍が共同訓練を頻繁に行ない、各術科の腕を磨いておかねばならない。またインターオペラビリティー、すなわち艦艇、航空機、武器などのハードだけでなく、作戦の立て方、指揮命令の出し方、通信の仕方など、ソフトに関してもできる限り共通化を図らねばならない。

この両面において、海上自衛隊はそもそも三自衛隊の中で一番進んでいた。おそらく今でもそうである。川村元海将補によれば、海上自衛隊と米海軍は基本的に同じ装備を使い、同じ手順で動かしている。したがって米海軍の艦や飛行機に海上自衛隊の将兵が乗って、そのまま動かすことができる。逆もまた真である。日米共同訓練も五〇年代から行なわれ、中村海幕長の時代にはかなり本格的にやっていた。ただ当時はまだまだ装備面で日米の差が大きかったし、米海軍はヴェトナム戦争その他で忙しかったから、十分とはいえなかった。規模も小さい。ちなみに航空自衛隊が初めて米空軍との共同訓練を実施したのは一九七八年であり、陸上自衛隊が初めて米陸軍との共同訓練を実施したのは一九八一年である。

海上自衛隊にとって米海軍との共同訓練が思う存分できるのは、リムパック、すなわち環太平洋演習の場である。リムパックは一九七一年に始まった、米海軍第三艦隊を中心に太平洋地域の同盟国海軍がハワイ沖に集まって行なう、総合的な海上演習である。第一回はアメリカ、オーストラリア、ニュージーランド、カナダの四ヵ国海軍が参加した。日本にも最初から参加の打診があったが、海上自衛隊が米国以外の国と訓練を行なうのは、集団的自衛権行使はできないとする政府憲法解釈に抵触のおそれがあるという見解が勝って、見送られる。

その後何回か参加を検討するが、防衛庁内での意思統一はなかなか取れなかった。参加に肯定的であった当時の丸山昂防衛庁防衛局長も、リムパックの広報映画を見て断念したという。同盟の重要性を強調する映画の内容は、当時の政治状況下ではとても受け入れられないと判断したのである。中村海幕長も、リムパックへの参加を実現するため相当がんばったが、受け入れられなかった。

一九七七年（昭和五十二年）九月に大賀良平海将が中村の次の海上幕僚長に就任してから、この状況が変わり始める。七八年の夏、当時の金丸信防衛庁長官との懇談の席で、大賀海幕長がリムパックの話をすると、長官は「米軍との訓練は大切だ、大いにやれ」と答えた。次の山下元利長官は、もともと海軍短期現役主計科の出身で、リムパック参加に前向きであった。山下は内局に対し、海上自衛隊を盛り立ててやれと指示を出す。

その内局にも外務省から出向した岡崎参事官や、警察庁から出向してきた教育訓練担当の佐々淳行参事官など、これまでとは比較にならないほど制服の主張に理解のある官僚がいて、積極的な姿勢を示した。佐々はリムパックに関して国会での答弁を一人で引き受け、大奮闘する。答弁回数は三〇〇回を超え、同じ答弁の繰り返しに、社会党の土井たか子議員から「こわれたテープレコーダー」とからかわれた。

大賀の説によれば、七〇年代の半ばまで、防衛庁は自衛隊管理庁であった。元内務官僚が内局の主要ポストを占め、制服組には何も言わせないやらせない。それが変化するのは七五年八月、坂田道太防衛庁長官とシュレシンジャー国防長官が会談した結果、日米防衛首脳および事務レベル定期協議が発足し、「日米防衛協力のための指針」いわゆる第一次ガイドライン作成が合意されてからである。丸山昂防衛事務次官が、七八年に外務省から出向した岡崎に、それまで警察が握っていた防衛庁の情報関係ポストを惜しげもなく与えたのも、そうした変化の一環であったかもしれない。

同じ七八年春には、ソ連地上軍の北方四島への再展開があり、ソ連太平洋艦隊へ新鋭大型艦船が配備される。七九年夏には中越紛争が起こり、十二月にソ連がアフガニスタンへ侵攻して、東西間の緊張が極度に高まりつつあった。岡崎は、何も自分たちは制服の肩を持ったわけではない、日本の国益を考えたまでだと言う。いずれにしても、国際情勢の緊張を背景とし、岡崎や佐々のような人材を得て、防衛庁は大賀が言うところの本来の防衛政策官庁に脱皮した。こうした環境のなかで、海上自衛隊のリムパック参加がようやく実現の方向へ向かう。

リムパック参加の方向が決まっても、実務上はまださまざまな問題があった。大賀海幕長のもとで、リムパック実施のために中心となって働いたのは、のちに自ら海上幕僚長に就任する吉田學海幕防衛部長である。一方アメリカ海軍の側で海上自衛隊との交渉役を直接務めたのは、在日米海軍司令官のランド・ゼック少将であり、側面から交渉を援助したのが第七艦隊司令官ボブ・

フォーリー中将であった。フォーリー中将は、海上自衛隊のリムパック参加には難しい問題が多いが、絶対成功させよう、成功すれば米海軍と海上自衛隊が将来共同で働く道へ通ずる扉を開くことになる(オープニング・オブ・ザ・ドア)と言って、吉田を励ました。

海上自衛隊がリムパックへ参加するうえで、おそらく最大かつもっとも根本的な問題は、その性格をそれぞれの政府や上級指揮官にどう説明するかであった。アメリカ側にとってこの演習は、同盟国海軍が共通の仮想敵国に対して一緒に戦うことを想定して行なう、共同訓練以外の何物でもない。しかし日本側では、集団的自衛権行使を想起させる同盟という言葉はまだ禁句であり、共通の仮想敵はない。したがって海上自衛隊の艦艇および航空機は、アメリカ海軍の指揮下に入らない。アメリカ海軍以外の海軍と同時に演習を行なわない。さらに仮想敵国への「共同対処」という演習の基本概念は使わない。演習の目的は戦術技倆の向上にある。

こうした身内の事情は、アメリカ海軍にとってはひどくわかりにくい。それでも海上自衛隊の参加を実現するために、ゼック少将は苦労しながら阿吽《あうん》の呼吸でハワイの艦隊へ話をつないでくれた。ゼック少将はまた船田中や山下元利のもとを訪れて、日本の立場をよく理解するようになった。吉田はこうしたゼックの努力を今でも恩に着て、彼のことをマイ・ブラザー、私の兄貴と呼んでいる。

おそらく部外者にはわからない、こうしたさまざまな努力がようやく実り、当時の第五十一護衛隊司令吉岡勉一等海佐を指揮官とする海上自衛隊のリムパック参加部隊は、八〇年二月下旬から約一ヵ月間、ハワイ周辺の東太平洋における演習に従事した。派遣されたのはヘリコプター搭載護衛艦「ひえい」、ミサイル護衛艦「あまつかぜ」と、対潜哨戒機P－2J八機という、まだ比較的ささやかな部隊である。派遣艦艇が横須賀を出るとき、吉田とゼックは固く手を握り合った。

このとき以来、海上自衛隊はリムパックに毎回参加している。八六年からは「八艦八機」編成の完成した一個護衛隊群に、P－3C一個飛行隊と潜水艦一隻を加え、八八年からは補給艦も参加するようになった。今や米海軍を除けば、参加国中最大規模の陣容である。演習における海上自衛隊の成績は図抜けてよく、あまりにミサイルが命中するので、米海軍の審判官が「何かのまちがいではないか」と言ったという話がある。また海上自衛隊のP－3Cはいつ見てもピカピカに輝いていて、ある海上自衛隊の広報官は、他の海軍から「おまえたちは毎年新品を飛ばしてくるのか」と尋ねられた。リムパックは実質上、米海軍と海上自衛隊が中心の演習になったという人さえいる。

真珠湾の日本艦隊

リムパックをはじめ、八〇年代に日米海上兵力の協力関係強化を推進した海上自衛隊と米海軍の指導者は、その多くが太平洋戦争の生き残りであった。たとえば大賀良平海将は兵学校七十期の出身で、一九四二年（昭和十七年）十一月に卒業。キスカ撤収作戦などに参加したあと、潜水艦学校へ進み、潜水艦乗りとして終戦を迎える。その間故郷長崎では、母と姉を原爆で失った。戦後は復員輸送に従事したあと、掃海部隊に残る。朝鮮戦争のときには第五掃海隊の指揮官として、半島西海岸鎮南浦と海州沖で掃海を行なった。海上警備隊発足、海上自衛隊誕生後も、約十年間掃海の仕事を続ける。地味で危険な作業であった。

同じように吉田學海将は、兵学校七十五期。江田島を卒業した最後のクラスで、実戦の経験はない。最後の海軍大将井上成美が、校長として育てた期である。またソロモンの海から帰ってきた生徒隊付幹事の中村悌次大尉が、直接指導した期でもある。中村はさっそうとして頭脳明晰、努力を惜しまず、厳しく、こわかったそうだ。七十五期は人数が多いにもかかわらず、結束が非常に固い。

吉田は戦後復員輸送に従事し改めて大学を受けようとしていたとき、七十五期は公職追放にあっていないから、このまま残って海軍の伝統を守れと江田島の教官に言われた。そこで大学進学をやめて、そのまま不法入国船監視本部（海上保安庁の前身）に籍を置いた。密入国や密貿易の取り締まりに従事し、海軍の再建を待つ。八五年に退任するまで約四十年、休むことなく、海軍、海上保安庁、海上警備隊、そして海上自衛隊のために働き続けた。

一方ゼック少将は真珠湾攻撃のとき、プリーブと呼ばれるアナポリス海軍兵学校の一年生であった。一刻もはやく戦場へ出たいという逸《はや》る気持ちを押さえ、四四年の六月繰り上げ卒業し、駆逐艦「ヘンリー」に配属されてフィリピンから沖縄へと転戦する。四五年夏には、東京湾のすぐ外、ピケット・ステーション12と呼ばれる海上の一点に艦を泊め、撃墜されたB29のパイロット救出作戦に従事した。首都圏の目と鼻の先にいるために、のべつまくなしに神風特攻隊の目標となる。わずか一〇メートルほどの距離で特攻機が乗艦をかすめ、命拾いしたことがある。

乗組員はこのピケット・ステーションを50・50ステーションと呼んだ。特攻機にやられて死ぬ確立が五〇パーセントあるという意味である。したがって広島に原爆が落とされたときは、これで生き延びられるかもしれないと思ったそうだ。日本本土へ敵前上陸する必要がなくなったかとも感じた。

戦争では多くの戦友が死んだ。戦火が収まっても、日本に対しての敵意は容易に消えなかった。戦後すぐ横須賀へ入港したことがあるが、日本のことを本格的に知る機会を得たのは、七八年から八一年にかけて在日米海軍司令官として横須賀で勤務したときである。日本への敵意は、長い年月が経ってすでに消えていた。そして海上自衛隊と一緒に働いてその隊員を知れば知るほど、尊敬の念が強まった。

海自の指導者には同じ年代の旧海軍出身者が多かった。なかには斎藤國二朗海将のように、フィリピンから沖縄へとゼックと同じ戦場で戦った士官さえいた。生き延びてよかったなあと、言い合った。戦後ドイツでつきあった軍人とは異なり、帝国海軍出身者はあまり戦争体験を語らなかった。しかしお互いに海軍軍人に対する尊敬をもって遇す。そしてたとえば吉田とゼックのあいだには、リムパック参加実現という仕事を共同でやりとげたあと、ファーストネームで呼び合う深い友情と相互信頼が生まれた。

ゼックは日本を去る前、日本政府から勲二等瑞宝章を授与された。伝達式の際、この勲章の半分は吉田のものだと言ったそうである。帰国後中将に昇進、海軍作戦本部の人事局長に栄転した。在日米海軍司令官を務めた者としては異例の人事である。ゼックは離任する前、アメリカ海軍と海上自衛隊のこれからの関係は、ただの友情（フレンドシップ）ではなく、相互信頼（ミューチュアル・リスペクト）にもとづくものでなければならないと吉田に強調した。

一方その後海上幕僚長になった吉田海将は、八四年にワシントンを公式訪問した。往路ハワイへ立ち寄り、太平洋艦隊司令長官に昇任していたフォーリー大将とともに、パールハーバーに集結したリムパック参加各国の艦艇約八〇隻を、司令官の専用艇で海から観閲して回った。そのなかには海上自衛隊の艦艇もあった。

吉田が身を投じた帝国海軍が、真珠湾攻撃を皮切りにアメリカ海軍と死闘を繰り返し完全に滅びてから四十年。日本海軍は海上自衛隊という新しい形でよみがえり、真珠湾にアメリカ艦隊とともに舫《もや》いを取ったのである。

イージス艦導入

リムパック参加が、八〇年代に実現した日米海上兵力任務役割分担の端緒とすれば、イージス艦導入はその掉尾を飾るものと言ってよいだろう。シーレーン防衛に本格的に取り組みはじめた海上自衛隊にとって、大きな問題は空からの攻撃に対する艦艇の脆弱性にあった。とりわけ極東に配備されたソ連空軍のTU－22Mバックファイア型爆撃機は、アウトレンジ、すなわち水上艦艇の対空ミサイルが届かない遠距離から対艦ミサイルを撃ち込む能力を有していた。

この脅威に対処するため、海上自衛隊は軽空母の建造や、英海軍や米海兵隊が保有するハリアー型垂直離着陸攻撃機の採用など、いろいろな対策を検討したが、うまくいかない。そこで浮上したのが、高性能のレーダーとコンピューター・システムの組み合わせにより、天頂を含む三六〇度全周囲の半径百数十キロ以内に出現した一〇個以上の脅威に対し、自動的に対空ミサイルを発射し追尾撃墜する装置、すなわちイージス防空システムである。ミサイルは垂直発射システム（VLS）といって、数十発を縦に数列並べ、艦内に埋めた弾庫一体型のキャニスターから発射される。イージスというのは、ギリシャ神話の神ゼウスとアテネが胸につける防御用の盾である。敵が放つミサイルという矢から艦艇を守る盾という意味が込められている。

このシステムを積んだ護衛艦、すなわちイージス艦さえあれば、護衛艦の対空防御能力は格段に向上する。問題は本システムの値段がべらぼうに高いことと、開発した当のアメリカがコンピューターのお化けのようなこの高度な兵器システムを、まだいずれの同盟国海軍にも供与していなかったことである。前者の問題は八〇年代を通じて実現した防衛予算の大幅な増額によって解決したが、後者は手ごわかった。アメリカ側には日本へ供与することに反対する声が、海軍内にも相当強くあったからである。

しかし当時海上幕僚長であった吉田學海将は、あきらめない。米海軍作戦部長、ジェームズ・ワトキンス大将に毎週数回手紙を書いて、説得につとめた。海上自衛隊がイージス艦を保有することは、ソ連の脅威に対する共同対処を可能にするがゆえに、そして米海軍空母の防衛に資するがゆえに、アメリカの国益にもかなうはずである。イージス技術の共有は、同じ兵器を用いて同じ作戦思想を形成し、インターオペラビリティーを高めることに役立つ。その供与は日米海上兵力間の相互信頼を高め、同じ価値観にもとづく同盟の絆を強める。こう主張した。

ところでワトキンス海軍大将の母堂は戦前、大の親日家であった。長いあいだカリフォルニア日米協会の会長を務める。日本国の練習艦隊がカリフォルニアを訪れるたびに、幼い大将の手を引いて訪問した。そして「ジムよ、将来米国がアジアにアクセスするときは、必ず日本を通ずることが大切ですよ。なぜなら日本にはアメリカにない長い歴史があり、文化があるから」とよく話した。

一九二九年（昭和四年）の日本国練習艦隊訪米時には、自学自習の日本語で少尉候補生に二十分間の講話を行ない、四箇所間違えたけれども候補生が盛大に拍手してくれたと、嬉しそうに息子に語った。その後日米関係が緊迫するなか、一九四〇年外務省の賓客の一人として、大将の姉と一緒に来日、日米戦争は起きないと聞かされて安心して帰国する。一年後戦争が勃発すると、大層悲しみ落胆したそうである。戦後日米友好につくした功績により勲章を贈られた。

ワトキンス大将が作戦部長として八五年に来日したとき、吉田は、母堂来日時の新聞記事を用意した。国会図書館で探し出した、白い大きなツバつきの帽子をかぶり白いロングスカートを装った母堂と姉上の写真がついた記事である。その複製に英訳を付し、ワトキンス大将への勲章伝達式の写真とならべて表装した額を贈呈すると、ワトキンス大将は感激のあまり目を潤ませた。

さて、ようやく折れたアメリカ海軍が、最初一世代古い型のイージス防空システム供与を提案したのに対し、海上自衛隊は最新型システムの供与を強く要請して、一時かなり白熱したやりとりがあった。しかし結局アメリカ海軍は日本側の主張を全面的に認め、最新型のシステム供与を決定する。海軍内外の反対派を説得したのは、母堂の影響で大の親日家であるワトキンス海軍作戦部長であり、それを政策面から全面的に支援したのが、これこそ任務役割分担の原則に沿うものだとしてアーミテージを賛成派に引き入れたアワーであった。また下院外交委員会委員長で東アジアにくわしいスティーヴン・ソラーズ下院議員も、力になった。日本側でも、吉田をはじめとする制服組の主張に、当時の防衛事務次官、夏目晴雄らが最終的に同意した。吉田が去ったあと、イージス艦建造の予算化にあたっては、西広整輝防衛事務次官が力を尽くしたという。

イージス防空システムを搭載した最初の護衛艦「こんごう」は、一九九三年に就役する。そのあと、「きりしま」「みょうこう」「ちょうかい」と続き、現在海上自衛隊は四隻のイージス艦を保有している。基準排水量七二五〇トン。VLSを備えステルス性を重視したその骨太な外観は、これまでの護衛艦にはない独特の迫力を有する。アメリカ海軍以外でイージス艦を保有するのは、現在まで海上自衛隊のほかにはない。

日本政府の公式見解は別として、アメリカから見ればこれら海上自衛隊のイージス艦は、西太平洋における米機動部隊防空の役割を担っている。九六年にクリントン大統領が訪日して橋本総理と日米安全保障共同宣言を発表した際、米海軍と海上自衛隊は横須賀に空母「インディペンデンス」と護衛艦「みょうこう」を並べて泊め、大統領を歓迎した。「インディペンデンス」の飛行甲板に整列して大統領の観閲を受ける海上自衛隊の幹部ならびに一般隊員は、緊張と感激で頬を紅潮させていたという。

一九八五年、帝国海軍兵学校七十五期の面々は、アナポリスの米海軍兵学校で、同じ一九四三年（昭和十八年）に入学した米海軍兵学校の同期生と一緒に合同クラス会を開催した。そして記念に日本から運んだ桜の苗木を校内に植える。アメリカ側の出席者は、枯れても心配するな、ワシントンのポトマック河畔から別の木を引き抜いてまた植えるからと述べた。二年後、今度は江田島で合同クラス会を開く。そしてアメリカの代表的な花木であるドッグウッド（はなみずき）を、アメリカ側の代表が持参して植えた。このときも、塩気の多い場所でうまく根付くだろうかと心配する一行に、立ち合った海上自衛隊第一術科学校の校長が、もしこの木が枯れるようなことがあれば、別の場所からもってきて植えなおすから安心してほしい、と同じように約束した。

海上自衛隊と米海軍の緊密な協力関係は、決して所与のものではない。相互の友情と信頼を育てるのには長い年月がかかるが、失われるときは意外にあっけないかもしれない。それを防ぐには、常に水をやり、肥やしをまき、手間を惜しむべきでない。枯れそうになったらすぐに措置をほどこし、新しい苗木を植えねばならない。そうすれば江田島のはなみずきとアナポリスの桜は、今年も来年も、さらにこれからの長い年月、花を咲かせ続けるであろう。

Ⅸ　再び海を渡る掃海艇

アワーの進言

ジェームズ・アワーは、国防総省日本部長の地位を一九八八年八月末に退いた。ペンタゴンで九年半働く間に、日米間の防衛協力体制は飛躍的に強化された。対潜水艦戦能力を充実させた海上自衛隊と空母機動部隊を中核とする米海軍は、北太平洋の海で行動を共にする。日米海上兵力のあいだに明確な任務役割分担が成立し、それゆえにソ連海軍は動きがとれない。自らが深くかかわった日米安保体制強化の政策が、冷戦の終結という成果につながったことを、退任するアワーは満足に思った。

けれどもアワーが国防総省を去ってからわずか二年後、日本がその安全保障体制の根幹を試される事態が発生する。一九九〇年八月二日、イラク軍によるクウェート侵略によって始まった湾岸危機である。当初いちはやくイラクの経済封鎖に踏み切り、多国籍軍の湾岸展開を支持したものの、日本政府はそれ以上何ら具体的な行動をとらなかった。国際連合平和協力法案は、審議が難航したすえ九〇年十一月に廃案となる。

九一年一月多国籍軍が対イラク武力行使に踏み切ったあとも、戦闘員を送らなかっただけではない。非戦闘員の派遣も、その他後方支援も、人的貢献はほとんど何もしなかった。難民輸送のために航空自衛隊の輸送機を派遣する案も実現しない。共産党独裁のくびきから脱したばかりのチェコスロヴァキアや、バングラデシュといった小国をふくめ、世界中から二八ヵ国が何らかの形で多国籍軍に参加したのに、中東からの石油に大きく依存する日本が何もしない。行なったのは総額一三〇億ドル、国民一人当たり約一万円という、湾岸拠出金の支払いのみである。

無法な侵略に対して国連加盟国の多くが共同で断固たる措置をとりつつあるのに、金を出しても人は出さない日本に対する不信感と失望感は、特にアメリカ国内で強かった。湾岸戦争が比較的短期間に、しかも多国籍軍の圧倒的勝利で終結したため、それほど表面化しなかったものの、日米同盟に深刻な亀裂が入ったと感じる向きさえあったのである。

日米同盟の重要性を誰よりも強く信じるアワーにとって、これは憂慮すべき事態であった。湾岸戦争に参加しなかった日本に対する不満を大きくして、日米安保体制をこれ以上揺るがせてはならない。今からでも遅くない。日本は何か具体的で目に見える行動をとるべきだ。

そう考えていたアワーは、イラクが停戦を受け入れた九一年二月二十八日、ワシントン郊外ダレス空港の近くで、旧ソ連諸国担当特別大使リチャード・アーミテージが主催した日米安全保障に関するあるシンポジウムに出席する。討議がもう少しで終わるころ、カール・フォード国防次官補が遅れて到着した。時が時だけに、彼が姿を現したこと自体に、アワーは驚く。フォードは出席者を前に「イラク政府から米国政府に対し、戦闘地域へ多数の機雷を敷設したとの通告があった」と述べた。アワーは、「その情報は秘密扱いか」とフォードに尋ねる。「必ずしもそうでない」という返事を受け、宿泊先へ戻るとすぐに一つの文章を書いた。これが三月十一日に『産経新聞』の「正論」欄に掲載された、「掃海艇の派遣をすすめたい――日本が汗を流せる絶好の道」という記事である。

クウェートとサウジアラビア以外ではもっとも大きな資金提供をした日本をブッシュ大統領も評価しており、「小切手外交」に過ぎないと批判するのはフェアでない。けれども湾岸戦争が終わった今、日本は資金的貢献を具体的行動によって補う機会を与えられている。「イラクは多国籍軍に対して、ペルシャ湾の国際航路に一〇〇〇個以上の機雷が存在すると知らせた。それらを除去するには掃海艇を使っても少なくとも六ヵ月かかる」。目下ドイツ海軍の掃海艇が使われると報道されているが、「世界中で最良かつもっとも熟練した掃海艇は、日本の海上自衛隊のものである」。したがって日本は掃海艇を湾岸に派遣すべきだ。アワーはこう主張して、その具体的な理由を五つ挙げた。

第一に日本の掃海部隊は困難な作業を遂行する能力がある。第二にすでに戦争が終わっており、日本は軍事紛争に巻き込まれない。第三に掃海艇の海外派遣は機雷除去を任務として挙げる自衛隊法の条項によって正当化される。第四に掃海艇派遣は湾岸戦争に軍隊を送った諸国から支持される。第五に掃海作業は自衛隊の平和維持活動への意義ある前例となる。もし日本が「主要な世界大国として評価されたいなら、日本は世界の他の国々が非利己的と称賛するような行動を決断する必要がある」。外務省と防衛庁は「他の国が汗を流した後、日本は今、汗を流す気持ちがあることを示す機会をもちたいかどうか熟慮しなければならない」。日本が自国船およびその他の船舶のために、ペルシャ湾の水路掃海において主要な役割を担いたいと宣言すれば、諸国は了解するだろう。「日本の指導層がこの好機を熟慮することを希望する」

アワーはこの記事を、日本の友人多数にファックスで送った。受け手の一人である自民党の渡辺美智雄衆議院議員は、すぐに自派のメンバー全員に記事のコピーを配布するよう秘書に命じた。また外務政務次官の経験者である浜田卓二郎は、この記事を読むとすぐ、掃海艇派遣が法的に可能かどうか外務省条約局の見解を求めた。アワーの記事は、永田町でかなりの反響を呼んだのである。

掃海艇派遣への動き

アワーに言われるまでもなく、湾岸危機にあたって日本が何か具体的な行動をとらねばならないと感じる日本人は、政府内外に決して少なくなかった。湾岸への掃海艇派遣も、選択肢として最初から検討されたのである。

すでに一九八七年、当時の中曽根康弘総理大臣が、イラン・イラク戦争の際ペルシャ湾に敷設された機雷除去のために、海上自衛隊の掃海艇派遣を真剣に検討したことがあった。中東の石油に依存する日本が何もしないのはけしからんという声が、アメリカ議会で出た。それに対する動きである。中曽根総理は憲法上法律上派遣が十分可能と考えたが、自衛隊の海外派遣を嫌う後藤田正晴官房長官が強く反対して結局実現しなかった。ただ、そのとき掃海部隊の編成、補給、支援などにつき具体的に検討した結果が、海上自衛隊の海上幕僚監部にそのまま残されていた。

イラクのクェート侵攻後間もない八月十六日、渡辺美智雄代議士は海部俊樹総理大臣を首相公邸に訪ね、「石油に最も依存している日本だけただ乗りし、何にもしないというのでは通らない」と、目に見える形の協力を進言する。総理との面談後、記者の一人が中曽根内閣当時に掃海艇派遣を検討したことを指摘すると、渡辺は「掃海艇は攻撃的でない。きわめて防御的なものだ」と述べ、派遣可能との考えを示唆した。渡辺はこのアイディアを、数年前からつきあっていたアワーから得たらしい。アワーはすでにこのころから、掃海艇派遣を親しい日本人数人に進言していた。この発言を受けて翌日政府筋が、「政府としては（掃海艇派遣を）検討していない」ものの、「法的には問題ない」との見解を明らかにした。

同じころ、海上自衛隊のとりうる行動について定例の記者会見で質問された佐久間一《まこと》海上幕僚長は、「あらゆる任務について机上研究をはじめている」と、かなり踏み込んだ発言をしている。仮に任務が与えられたとき、やれないではすまないし無責任だと感じたので、こう発言したのだと、佐久間は回想する。あとで周囲から、昔なら首だぞと言われたそうだ。十月、のちに海幕長を務める林崎千明防衛部長を中心にプロジェクトチームが結成され、具体的な研究を開始する。イラン・イラク戦争の際行なった掃海艇派遣に関する研究結果も、詳細に見直された。

ただし政府はなかなか動かなかった。渡辺美智雄の進言も、いつのまにか立ち消えとなる。佐久間によれば、九〇年いっぱい防衛庁は口を出すなという雰囲気であった。依田智治防衛事務次官が官邸に来るなと言われた時期さえあった。海部総理大臣は、こうした危機に際して何の哲学もなく、指導力を発揮しない。国連平和協力法案の中身をかためる作業中も、護衛艦を白く塗れだの、大砲をしばって使えなくしろだの、わけのわからない指示が官邸から防衛庁に届く。まるでエーリアンと話しているような感じだったと、当時の関係者は述懐する。しかも自衛隊を外へ出すことについては、土井たか子社会党党首のような教条的平和主義者だけでなく、政府内部にも反対論を唱える者がいた。

掃海艇を派遣せよ

けれどもそうした空気は、年があけると変化しはじめる。たとえば一三〇億ドルの財政支援を実行した橋本龍太郎大蔵大臣は、欧米指導者との交渉を通じて金だけの貢献では足りないことを、いやというほど認識したようである。自民党幹事長の小沢一郎も同じように考えた。渡辺美智雄は最初から人的貢献に積極的であった。湾岸戦争が多国籍軍の勝利に終わったあと、日本も何らかの具体的行動をとるべきだとの声が、急速に高まりはじめた。

九一年二月はじめ、自民党の若手代議士船田元《はじめ》がワシントンへ飛ぶ。小沢一郎の意向を受けて、日本が湾岸戦争後具体的に貢献する道を、ワシントンの外交国防当局者と非公式に協議するのが目的である。船田に同行したのは、米国防筋に人脈をもつコンサルタントの木村英雄であった。そして船田の要請を受けて、ジェームズ・アワーも参加する。通産省筋の主導で実行されたこのミッションについては、外務省も承知していた。

船田はワシントンで、カール・フォード国防次官補、ランディー・フォート国務次官補、リチャード・アーミテージ旧ソ連諸国担当特別大使、ビル・ブラッドレー上院議員など、対日政策に影響力をもつ人たちと会合を重ね、日本が具体的に何をなすべきかについて意見を交換した。日本大使館の面々とも会った。同席した木村によれば、このとき湾岸への掃海艇派遣という考え方を、アワーや木村が再び提言する。アメリカ側の政策担当者も日本の外交官も、最初はこの案に懐疑的であった。しかし話しているうちに、もしかするとこれはありうるかもしれないという空気に変わったという。

ところで、船田元のワシントン滞在を知った米海軍関係者たちは、日米安保体制の強力な支持者であったあの船田中先生のお孫さんが来られているのならば、一席設けて敬意を表したいと言い出した。そこで船田は一日出発を伸ばして、ルーディー・ドウス元海軍大佐の自宅で開かれた夕食会に出席する。ドウス大佐は、横須賀を母港とする第七艦隊のミサイル駆逐艦「パーソンズ」の艦長を務めた人物である。七〇年代前半、在日米海軍政治顧問の役目を終えたアワーは、この艦の副長としてドウス艦長に三年間仕えた。ジョージ・ワシントンのふるさとマウント・ヴァーノンから程遠くないアレキサンドリアのドウス邸に集まり船田を歓迎したのは、第七艦隊司令官などを歴任し日本と縁の深いボブ・フォーリー元太平洋艦隊司令長官、同じくディーン・サケット元在日米海軍司令官、海上自衛隊のリムパック参加実現に貢献したランド・ゼック元在日米海軍司令官、ゼック司令官の副官を務めたあと筑波大学へ留学し、当時ホワイトハウスで対日政策を担当していたトーケル・パターソン海軍中佐、コーリン・パウエル統合参謀本部議長の子息で国防総省日本部長アワーのもとで一時働いたマイケル・パウエル元陸軍大尉など、日米間の防衛協力、特に海上自衛隊と米海軍の協力に携わった人が多かった。

ディナーの席でアワーは、船田中衆議院議長が激しい反対運動の渦中、横須賀や佐世保に寄港する米海軍の原子力潜水艦や原子力空母をまっさきに出迎え、時には自ら乗り込んで歓迎したことを、一同に語った。孫の船田元はそれを神妙に聞いていた。

翌日、船田と木村は全日空の東京行きに乗り込み、帰国の途につく。機内で船田は木村に対し、湾岸への掃海艇派遣をぜひ実現しようと、自らの意気込みを語った。しかしその実現には多くの困難がある。たとえば湾岸での掃海作業に参加する海上自衛官には、保険が適用されるのだろうか。万が一犠牲者が出たら、どうやって補償をするのか。「掃海艇派遣が実現したら、おれたちは隊員に対してかなり責任があるよなあ。おい木村さん、万が一のときは二人で私財を処分して、できるだけのことをしような」。船田は常になく真面目な顔をして、木村にそう言ったそうである。

帰国した船田元は、掃海艇派遣の必要性を自民党内で必死に説きはじめた。毎日毎日、実力者をつかまえては繰り返す。外務省内では、もうあとがないと危機感を抱いた一部の幹部が、省内のとりまとめに努力した。防衛庁では畠山蕃内局防衛局長が、各方面に活発な働きかけをした。数年前東芝機械ココム違反事件のときアワーと木村の助けを借りてワシントンでのロビー活動を指揮した東芝の国際関係室長宮尾舜助は、木村から相談を受けて財界の主要メンバーに話をつないだ。宮尾は元経団連会長であった東芝の長老石坂泰三の秘書をしていたので、経団連その他に人脈があった。さらにかつて民社党の重鎮曾祢益の秘書を務めた木村と親しい自動車労連出身の民社党参議院議員寺崎昭久は、全日本海員組合を動かし、労働組合の支持を得るために努力する。その他にも、各界から掃海艇を出せという声が、自民党や政府に対して次々に寄せられた。たとえば作家の阿川弘之は、湾岸に掃海艇を派遣すべきだとの長い手紙を書いて、自民党の加藤六月政調会長あてに送った。誰一人の功績というわけではなく、掃海艇派遣の気運が自然に盛り上がったのだと、東芝の宮尾は回想する。

こうした情勢下で出たのが、アワーが『産経新聞』の「正論」欄に書いた三月十一日づけの記事である。二日後の十三日、自民党渡辺派の加藤六月政調会長が、社会、公明、民社三党政調・政審会長との会談で、「米国が内々に外務省に（掃海艇）派遣を要請してきている。しかし外務省はそれを伏せている」と述べたと新聞が報じた。党国防関係幹部によれば、元米政府高官が自民党関係者に「日本は掃海艇を出すべきだ」と述べ、この関係者が外務、防衛両省庁に伝えた。これに対し、政府筋は「米側から掃海艇派遣の要請は湾岸危機勃発以来あるが、ここに来て改めて要請が来てはいない」と言明した。確証はないものの、元政府高官というのは、どうもアワーのことらしい。掃海艇派遣をめぐる動きがにわかに慌しくなる。

翌十四日、中山太郎外務大臣は衆議院予算委員会での答弁で、「非軍事的なことであり、戦闘行為ではない。日本の船舶、船員の安全をどう保障するかは、政府としては関心をもたざるを得ない事項だ」と述べ、前向きな姿勢を示す。同じ日、渡辺美智雄議員が自民党の国防関係部会で派遣論を展開し、政府の決断を求めた。

依然消極的であった海部総理も、次第に世論の動向を無視できなくなる。四月八日には、経団連の平岩外四会長が掃海艇派遣に賛成する公式見解を発表し、政府へ働きかける方針を明らかにした。日経連、石油連盟、日本船主協会、アラビア石油がこれに続く。アラビア石油は現地で事業を行なっており、無関心ではいられなかった。同じころ、寺崎議員らの働きかけが功を奏して、全日本海員組合が掃海艇派遣を政府に要請する。四月十一日には、自民党の国防三部会が派遣を決議、海部総理と党三役に申し入れる。

四月十二日、ようやく海部総理の決断が得られ、掃海艇派遣準備の指示が非公式に防衛庁に下った。池田行彦防衛庁長官が佐久間海上幕僚長に対し、掃海部隊派遣に関する具体的検討開始を正式に指示したのは、さらに遅れて四月十六日である。しぶる総理をなだめすかしてここまで来たという感じであった。海部総理はそれでもまだ結論は白紙だ、四月二十一日の統一地方選挙後半戦が終了後に最終決断をすると言っていた。選挙の結果いかんによっては派遣の中止もありうると考えていたらしい。

佐久間の懸念

掃海部隊派遣準備の総責任者は、海上幕僚長の佐久間一海将である。九〇年の秋から研究は進めていたが、複雑な政治の動きに翻弄されて、出番があるのかどうか最後までわからない。九一年の三月になって空気が変わり掃海艇派遣がありそうだという観測が防衛庁内局から示されたときにも、にわかには信じがたく、依田防衛事務次官に「栗山外務次官に確かめてください」と要請したほどである。しかしこの時点で、防衛庁の内局もこれしかないという認識を固めているとわかり、本格的な準備にとりかかる。

佐久間は急いだ。そして自分の権限でできることからはじめる。物資や人を動かすには、防衛庁長官の承認がいる。そこで池田長官のところへ行って、限定的な許可を求めた。池田長官は事情をよくのみこんで、できる限りやりやすいように配慮してくれた。仕えやすい長官であったという。

準備を急ぐ理由は二つあった。一つは掃海艇派遣のタイミングである。二月二十八日の戦闘停止を受けて、湾岸の機雷敷設水域にはすでに米、英、サウジ、ベルギー四ヵ国海軍の掃海艇が入り、掃海作業に従事していた。独、仏、伊、蘭の四ヵ国も、三月上旬掃海部隊派遣を発表し、現地海域へ到着しつつある。一番遅れたドイツ海軍の掃海部隊でさえ、四月末には作業を開始する。日本部隊の出発があまり遅くなると、せっかく海を渡ってペルシャ湾に辿りついても、掃海すべき機雷がない可能性があった。汗をかいて湾岸戦争の戦後処理に貢献するはずが、なにもできずに帰らざるを得なくなるかもしれない。

もう一つは気象条件である。インド洋では四月を過ぎるとモンスーンが襲来するとともにサイクロン（台風）が発生して、海が荒れる。五〇〇トン未満の小型の掃海艇は、もっぱら日本の沿岸で掃海作業にあたることを想定して建造されている。したがって大洋の航行は考えていない。イラン・イラク戦争のときの研究により渡洋能力は十分あり、時化《しけ》にあってもそう簡単に転覆しないことはわかっているが、大型の護衛艦とちがってエンジンに余力がないから、船脚が遅い。荒天に遭遇して遅れると、その遅れを取り戻せない。そうすると湾岸到着がますます遅れる。できれば三月末までに現地に入りたかったのだが、政治的理由でそれができない。選挙をにらんで決定を先延ばしする政治家の逡巡にいらいらしながら、佐久間は準備を進めた。

準備にあたって佐久間がもっとも心配したのは、掃海部隊派遣中に死傷者が出ることである。機雷の処分は大変危険だ。万全の備えをしても事故は起こりうる。海上自衛隊の海外派遣については、まだ国民のコンセンサスがない。もしそのなかで掃海艇が外国へ赴き作業中に死傷者が出たら、海上自衛隊は相当なダメージを受けるだろう。途中で引き揚げるような事態もありうる。明確な国民の支持が得られないままで、部下を殺したくない。

しかしよく考えてみれば、海上自衛隊は国のためにあるのであって、海上自衛隊そのもののためにあるわけではない。組織として傷を負っても、それはそれで仕方がない。佐久間はそう考えて、自らを納得させた。

佐久間が八七年に市ヶ谷にある海上自衛隊幹部学校校長を務めていたとき、中村悌次元海幕長がふらっと訪ねてきたことがあった。中村は佐久間に、山梨勝之進元海軍大将が戦後幹部学校の講話で、「海上自衛隊は艦も飛行機も少ない。装備も施設も不十分である。しかし人がある」「日本海軍があれまで育ったのは、明治の建軍から日清、日露を通じさらには軍縮時代を通じて、幾多の先人が今日の諸君と少しも変わらぬあるいはそれ以上の苦難にもめげず、刻苦精励した努力があったからこそである」という話をしたこと、海上自衛隊在職中思うように事が運ばないときは、いつもこの日の大将の講話を思い起こして自分を励ましたことを、とつとつと語った。そしてそれだけ言うとすぐに帰って行った。

中村はこの話をするだけのために、そして自分を通じて後輩たちを励まし、今でもなかなか思うようには事が進まない海上自衛隊のあとを託すために、幹部学校へ来たらしい。佐久間はそういう印象を抱いた。湾岸へ掃海艇を出すときには、このときの中村の言葉がしきりに思い出されたそうである。

派遣部隊指揮官

掃海艇派遣に関して佐久間海幕長が下したおそらくもっとも重大な決断は、派遣部隊指揮官の選任であった。選ばれたのは、長崎の自衛隊地方連絡部長として三月十九日まで隊員募集の仕事をし、二十日付で第一掃海隊群司令に着任したばかりの、落合畯《たおさ》一等海佐である。一九四五年三月の沖縄防衛戦で最後まで勇敢に戦い、「沖縄県民かく戦へり、県民に対し、後世特別の御高配を賜はらんことを」という電報を東京に向けて打ったあと自決した、沖縄方面特別根拠地隊司令官大田実少将（死後中将に昇進）の子息である。

反軍感情が強い戦後の沖縄で例外的に県民に慕われた父親と同じように、落合一佐は部下に対して思いやりのある指揮官として有名であった。旧海軍の伝統を受け、幹部と兵の区別を比較的はっきりとつける海上自衛隊にあって、指揮官であるにもかかわらず暇があると自ら若い隊員にまじり艦への荷物積み込みに精を出すなど、型破りなところがある。一等海尉のとき沖縄地方連絡部勤務となり、「あの大田中将の息子さんですか」と地元の人たちに慕われたという。これまで掃海業務と自衛官募集の仕事とを行ったりきたり。中央で政策立案にあたるエリートタイプではない。派遣が長期となることが予想された掃海部隊の士気を維持し指揮統率を任せられるのは、落合一佐しかない。佐久間はそう判断した。

もっとも落合は、自分が選ばれたことを持ち前の諧謔で笑い飛ばす。「ピンちゃんは偉い」。親しみをこめて佐久間の名をマージャン風のニックネームで呼びながら、独特のくだけた調子で彼は言う。「なんせ自分がとかげの尻尾であることさえ知らない人物を、指揮官に選んだんだから」。

指揮官の名前を見て隊員は、「こいつは危ない、この指揮官に任せておいたら何が起こるかわからない。自分の命は自分で守らねばと思って頑張ったんじゃないかな」と、ニコニコしながら語る。落合なら何か問題が起こっても、十全の対応をしてくれる、またいざというときにはいさぎよく責任を取ってくれる。佐久間はそう信頼して自分を選んでくれた。佐久間の期待に応えよう。落合はその思いをこんな風に照れて言うらしい。ともかくも、「何かあったらピンちゃんに電話する」という約束で、落合は指揮官を引き受けた。

東京に出て特別任務を申し渡された落合は、湾岸に出かける派遣部隊の編成に取り組んだ。海上自衛官は海外へ出るのに慣れている。リムパック演習、遠洋航海、砕氷艦「しらせ」による南極観測の支援など、年間五チームほど出ている。そのなかにあって、実は海外慣れしていない唯一の部隊が、掃海部隊である。派遣部隊隊員のうちこれまで海外へ出た経験があるのは、わずか二八パーセントに過ぎなかった。当節ではかなり低い数字かもしれない。それが海上自衛隊初の実任務部隊として七〇〇〇海里（一万三〇〇〇キロ）かなたの海へ出かける。落合群司令は心配であった。

「大体、掃海部隊に配置されているのは、海上自衛隊の精鋭ってわけじゃあないんだよ。幹部も下積みが多い。掃海部隊に配属されると、『なんかまずいことやったの』って言われちゃうんだから」と、落合は言う。派遣部隊幹部にも、防大や一般大学出のエリートではなく、部内幹候といって、高校を出て通信教育で大卒の資格を取ってから江田島の幹部候補生学校へ進んだ者が何人かいた。

三月二十日に落合一佐が掃海隊群司令に就任してから数えて約一ヵ月、四月十六日に具体的検討命令が出てからはちょうど十日、出港まで極端に限られた時間内で、派遣部隊が編成された。派遣が決まった艦艇は、旗艦を務める掃海母艦「はやせ」、掃海艇「ひこしま」「ゆりしま」「あわしま」「さくしま」、そして補給艦「ときわ」の計六隻。乗り組むのは司令部要員五〇名を含む総勢五一一名である。

そもそも海上自衛隊各部隊の充足率は、約七五パーセントから九〇パーセントぐらいである。掃海艇も同様で、通常定員四五人の四分の三程度しか、乗り組んでいない。湾岸への派遣部隊編成にあたって、定員だけは一〇〇パーセント充足してやると、佐久間が落合に約束した。不足していた分は、全国の部隊から強引に引き抜いてくる。普段できないことをやる。海上幕僚長の特別命令だからできる。「海幕長ってのは偉いもんだ」と、落合司令は思った。

そんなわけだから、四月十八日付発令で北海道から急遽横須賀へやってきて、そのまま港を出たなどという隊員もいた。落合はいい人をよこして欲しいと頼んだが、部隊によっては落ちこぼれのようなのを送ってきたところもある。年齢も派遣中現地で十九歳の誕生日を迎えた者から、五十歳を過ぎて定年間近い者まで、さまざま。選び抜かれた海上自衛官ばかりというわけではなかった。

派遣部隊の隊員たちは、湾岸行きを強制されたわけではない。行きたくなければ艦を下りてもかまわない。佐久間と落合は、全体の二五パーセント程度は辞退者が出るものと覚悟していた。ところがふたを開けてみると、辞退したのはわずか五人に過ぎなくて、びっくりする。その五人も本人は行きたいのに、医者がだめと言ったとか、親が病気であるとかいう事情によるものであった。間近に迫った五月の連休に、本人の、あるいは娘の結婚式が予定されているにもかかわらず、参加した隊員もいた。湾岸へ行ってしまったある隊員の婚約者は、婦人海上自衛官、通称ウェーブで、帰ってくるまで半年間式を延期して待っていた。水中処分員として活躍した渡邊明洋一等海尉の母親は、たまたま息子が出港した日に亡くなる。しかし息子を動揺させてはいけないと、父親はあえて連絡しなかった。そしてシンガポールまで母親の死を知らせにやってきた父親は、息子に戻ってこいと言わなかったし、息子も帰ると言わなかった。

彼ら隊員たちに、気負った様子は別になかった。落合群司令は、「事の重要性がよくわかっていなかったんじゃないか」と言うが、それだけではない。確かに遠いところへ行くのは不安である。どんな環境が待ち受けているか、わからない。しかし与えられた任務は自分たちの専門分野である掃海である。毎年硫黄島で、実機雷を処分する訓練を行なっている。場所がちがっても、やることは変わらない。機雷の処分は何回やってもおそろしいが、未知のことを行なうのではない。ただ淡々とこなすまでである。そうした静かな自信に満ちていた。

出港を前にして、佐久間海幕長は派遣六艦艇を一隻ずつまわり、隊員と一時間ずつ話し合う機会をもうけた。「階級は気にするな、何でも率直に言ってくれ」。そう告げると海曹クラスの隊員が、海上自衛隊の最高指揮官に向かって、メモを片手に厳しい質問を次々にぶつける。幕僚が、「君たちは行きたくないのか」と、多少たしなめるように言うと、「我々はそんなつもりじゃない。現地のことをよりよく知って、いい仕事をしたいだけだ」と、涙を流しながら質問を続けた。佐久間は隊員がポンポンものを言うので安心した。黙っていたらかえって不安になる。あとは部下を信じて出すしかない。彼らの重荷を少しでも軽くするのが、自分の役割だと思った。

出港

こうして非常に限られた時間のなかで、部隊編成、要員の人選、装備や搭載品の準備、現地での情報収集などが行なわれた。海上幕僚監部はもちろん、需給統制隊など関係各部隊は、最後の何日間か徹夜が続いた。四月二十四日、安全保障会議と臨時閣議で、ペルシャ湾航路啓開のため海自掃海部隊派遣が正式に決定される。休暇も出せないまま迎えた二日後の二十六日、直前まで荷物の積み込みを行なってようやく準備が整い、旗艦「はやせ」と掃海艇「ゆりしま」が呉、掃海艇「あわしま」「さくしま」、補給艦「ときわ」が横須賀、そして掃海艇「ひこしま」が佐世保を出港した。横須賀を出る三隻を阻止しようと、反対派のボートが接近を試みたが、海上保安庁の巡視船によって排除された。

佐久間海上幕僚長は、各級指揮官に対し封書（出港後開封）により行なった訓辞のなかで、次のように述べた。

「顧みれば、昭和二十九年に海上自衛隊が発足して以来、自衛隊を取り巻く環境には極めて厳しいものがあった。我々の諸先輩は、これらを耐え忍び、海軍の良き伝統を継承しつつ、新しい時代に向けての適応化を図り、懸命に今日の海上自衛隊を築き上げてきたのである。この間には、幾多の諸先輩が流された尊い汗と涙そして血の犠牲さえあったことを、我々は決して忘れてはならない」

この訓辞には、中村が佐久間に伝えた山梨海軍大将の講話の精神が、色濃く反映しているように思われる。ちなみにこの日四月二十六日は、海上自衛隊の前身、海上警備隊が発足してから三十九年目の記念日にあたった。

横須賀、呉、佐世保を別々に出港した六隻の派遣部隊艦艇は、二日後の二十八日、鹿児島県奄美大島の笠利湾で会合、初めての研究会を開いた。落合司令はここで全派遣部隊隊員に対し訓辞を行なう。第一に、気持ちを一つにして航行の安全を確保しよう。第二に絶対に事故を起こさないようにしよう。これは戦争ではない。平時の業務である。だから安全第一である。判断に迷ったら、安全に転ぼう。来年の花見は呉でやろう。戦果をあげようと焦るな。落合は、五一一人の隊員を全員故国へ連れて帰ることを、自らに誓った。

南西諸島に沿って南下する湾岸派遣部隊を、海上自衛隊のP－3C対潜哨戒機や航空自衛隊のC－130輸送機の編隊が空から見送る。海の上では各艦の乗組員が旧海軍から受け継いだ海上自衛隊のしきたり通り帽振れで応えた。六隻の艦艇は「はやせ」を先頭に単縦陣を組んで日本の領海を離れ、一路ペルシャ湾をめざした。

各国海軍の協力

日本を出発した掃海部隊は、途中フィリピンのスービック米海軍基地、シンガポール、マレーシアのペナン、スリランカのコロンボ、パキスタンのカラチと寄港する。マラッカ海峡では日本の浚渫《しゅんせつ》船乗組員が日の丸の小旗を振って激励し、掃海部隊の隊員を感激させた。

幸いサイクロンには遭遇せずにすみ、五月二十六日の朝、ホルムズ海峡を抜けてペルシャ湾に入る。翌二十七日、各国の掃海部隊が補給基地にしていたアラブ首長国連邦ドバイのラシッド港へ入港した。落合群司令は早速米海軍中東艦隊旗艦「ラサール」にテーラー米海軍中東艦隊司令官を訪れ、そのあとドイツ海軍駆逐艦「ドナウ」艦上で行なわれた各国部隊指揮官の調整会議に出席した。

実は落合は、ドバイに入るとき肩身の狭い思いがしていた。一番遅く掃海艇を入れたドイツ海軍よりもさらに一ヵ月遅れての現場到着である。今頃何をしにきたと言われるのではと心配した。実際、一二〇〇個敷設された機雷のうち、すでに八〇〇個の処分が終わっている。

しかし米海軍をはじめ、各国海軍は、遅れてやってきた海上自衛隊を大歓迎した。最初の八〇〇個は、比較的処分が容易な水域に敷設されていた。残された機雷は、難しいところにある。それを処分するために、少しでも応援が欲しい。いやな気持ちでドバイへ着いたのに、「ああ、九番目の男がきた。さあすぐ一緒にやろう、そのためには協力を惜しまない」という雰囲気であった。

掃海艇は磁気機雷に感応しないよう、木造である。しかしそれでも長い航海のあとでは、地球の磁場の影響で磁気を帯びている。そのまま掃海作業に従事すると危ない。ドバイに着くと、英国海軍が早速可搬式の磁気測定施設を貸してくれた。普通磁気チェックには一隻一日以上かかるのに、海自部隊は四隻の掃海艇をわずか半日ですませ、各国海軍関係者を驚かせた。

落合によれば、掃海を行なうにあたってもっとも重要なのは、機雷に関する情報である。どこにどんな機雷が敷設されているか。それさえわかれば、掃海作業は七割方すんだも同然だ。それだけに、機雷に関する情報は各国ともトップシークレットになっている。海自の派遣部隊は、残念ながらペルシャ湾内に敷設された機雷に関して、自前の情報をまったく持っていない。情報の提供は各国海軍、特にアメリカ海軍に頼るしかない。しかし一月の対イラク武力行使開始以降、米海軍からこの種情報の提供はぴたっと止まっていた。一緒に戦う多国籍軍の各構成国には流す。しかし戦う気のない日本には流せない。当然であろう。

湾岸への掃海部隊派遣が決まってから、海上自衛隊は米海軍が情報を渡してくれるよう、必死で要請した。しかし落合部隊が最後の寄港地カラチに入港したときにも、まだ情報は届いていない。落合は結局くれないのではないかと非常に心配した。それがどうだろう、ドバイでテーラー司令官を表敬訪問したら、「おまえの欲しい情報はこれだろう」と、書類の束をポンと渡された。敷設された機雷の数、位置、処分の仕方、浮遊機雷の有無など、必要な情報がチャートになって整理されている。冷静に考えてみれば、一緒に掃海をやるのだから隠す理由はない。共通の脅威に対する仲間として扱ってくれただけである。しかしそれでも海上自衛隊掃海部隊に対する信頼があるからこそ、こうして情報を渡してくれる。落合はうれしかった。

情報を提供するだけでなく、アメリカ海軍は物心両面にわたって協力してくれた。岸壁の一番いい場所をわざわざ海自掃海艇のためにあけてくれたり、足りない装備を都合してくれたり、あるいは隊員の飲むビールを米海軍のPX（酒保）で買わせてもらったり。アメリカ海軍だけではない。磁気測定施設を使わせてくれた英国海軍、機雷の処分方法をていねいに教えてくれたオランダ海軍、マンタと呼ばれるイタリア製の高性能で処分の難しいプラスチック製機雷の模型を貸してくれたドイツ海軍。お返しに日本隊は旗艦「はやせ」のヘリコプター甲板を各国のヘリコプターに開放し、そこで燃料補給を行なった。国籍や旗の色に関係なく、みな同じ仕事をやる仲間という雰囲気であった。

米国海軍との絆

こうして始まった掃海作業だが、英、仏、独、ベルギー、オランダの海軍はクウェート港の掃海が終わると、「公海上の機雷除去」という国連決議の目的は達せられたとして、七月二十日に本国へ向け帰ってしまう。しかしまだ潮の流れが速くパイプラインが錯綜するもう一つやっかいな水域での掃海が終わっていなかった。現場に残ったのは米海軍と海上自衛隊の掃海艇だけである。それじゃあ一緒にやろうということになる。この水域はイラク・イランの国境線にまたがっていて、イランと国交のないアメリカは表立ってやれない。結局一番難しいところを海自派遣部隊が受け持って、アメリカの援助を受けながらやった。

指揮官ヒューイット大佐を中心とする米海軍掃海部隊のスタッフと落合部隊の幕僚たちは、ときには侃々諤々《かんかんがくがく》どなりあうようにして、お互いの主張をぶつけあった。海上自衛隊と米海軍ではやり方もちがう。どこにいつダイヴァーを投入するか。いつ機雷を爆破させるか。それぞれ隊員の命がかかっているから、真剣にならざるをえない。「なぐりあいにはならなかったけれども」

というぐらいの勢いで調整をはかり、その結果この水域の掃海が終わるころには、双方のあいだに深い信頼感が生まれた。仕事がひと段落したときには、掃海母艦の甲板上で日米合同のスチール・ビーチパーティーと呼ばれる催しを行ない、隊員同士交友を深める。みんなよく飲み、よく騒ぎ、言葉のちがいもあまり気にせず楽しんだ。

こうした日米現地部隊間の協力の基底には、海上自衛隊と米海軍のあいだの信頼関係があった。多国籍軍に参加しない海上自衛隊への機雷に関する情報提供は、長年の友情なしには考えられない。湾岸危機のさなか、現地で第七艦隊司令官が交代し、前任の司令官スタンレイ・アーサー中将は、留守家族に状況を知らせるために帰路横須賀と厚木に立ち寄った。佐久間を表敬訪問した提督は、「一九ヵ国の海軍が参加しているといっても、実際に弾を撃つ段階となったとき頼れるのは四ヵ国だけです。ここに海上自衛隊の艦艇がいてくれたら、どんなに心強いことかと思いました」と、本音を語った。

また海自掃海艇の湾岸派遣が決まると、太平洋艦隊司令長官のロバート・ケリー大将は、傘下の部隊に電報を打って、海自のオペレーションを全面的に支援せよとの命令を出した。米海軍は機雷に関する情報だけでなく、掃海艇がペルシャ湾に向かって航行中は詳細な天気図を用意してくれた。こうした米海軍のサポートは、海上自衛隊にとってまことに心強かった。

ケリー海軍大将の父親は、太平洋戦争中ラバウルで戦死した海軍の若いパイロットであった。

若くして未亡人となった大将の母は、女手ひとつで子供を育てる。そして息子は立派な海軍士官となった。一方母親にとって夫を奪った日本人は、戦後何年経っても憎むべき敵であった。そしてそのことを息子にも叩きこんだ。一九八三年にケリーが空母「エンタープライズ」の艦長として佐世保に初めて入港したとき、日本人は相変わらず自分の父親を殺した憎い敵であって、いささかも許していなかったのである。

しかし実際に日本人と接し、日本を知って、彼の気持ちは変わった。多くの貴重な友人ができ、日本は大好きな国になった。けれども大将のそうした心境の変化を、母親は理解しない。どうしてお父さんを殺した憎い敵と仲良くすることができるのか。そのことで、何回も口論をした。そのまま月日が流れた。

あるとき大将はワシントンへ帰る機会があり、郊外に住む年老いた母親と一日一緒に過ごす。大将は日本政府からもらった旭日大綬章を母に見せて、何時間も話し合った。

「彼女は初めて私の話に耳を傾けて、理解しはじめたのです。私の眼前で、母の心が開きはじめました。我々は二人とも泣きました。彼女は許したのです。母は地元の新聞に電話をかけ、息子の勲章受賞の記事を載せてくれとまで、言いました。八十歳を過ぎた母の体調はよくありません。けれどもこの世を去るとき、母は一生抱きつづけた恨みを捨てて、おだやかな気持ちで永遠の眠りにつくことでしょう」

湾岸への掃海艇派遣から三年後、ケリー大将が自らの退役を目前に控えながら日本へやってきて第七艦隊司令官の交代式で演説をした、その内容の一部である。アーレイ・バーク提督以来、戦争で激しく戦った日米海軍の将兵とその後輩たちは、異なる意見をぶつけあいながら全力で協力してきた。多くの海上自衛官と米海軍軍人のあいだにそうやって生まれた尊敬と信頼が、湾岸への掃海艇派遣にあたっても日米の協力を可能にしたのだと、佐久間は強く感じる。

派遣部隊の隊員たち

話を少し元に戻して、五月二十七日にドバイへ入港した掃海部隊のうち、「はやせ」など掃海艦艇五隻は三十一日にドバイを出港した。目的地はまだ手つかずに残っており、日本部隊の担当と決まったクウェート港沖の海域である。遅れて六月二日、物資の積み込みを終わった「ときわ」も出港し、同海域に向かう。この後「ときわ」は単艦でドバイと掃海海域のあいだを実に一一往復し、掃海部隊に水や食料を届け、また家族からの郵便を届けた。泊地では掃海艇乗組員の作業服の洗濯を引き受け、熱い風呂や焼きたてのパンを提供し、甲板でバーベキューをして慰労するなどのサービスにつとめる。掃海艇の乗員は、「ときわ」を「おふくろ」と呼んで次の補給を待った。

掃海作業は六月五日に始まった。この海域での掃海は技術的にはそれほど難しくなかったが、初めての作業で緊張した。落合は機雷を何個処理するかが問題ではない。船舶が安全に航行できるようになればいいのだから、一つも処理しなくたっていいんだと隊員に訓辞した。

ペルシャ湾の海上は、掃海作業をするには劣悪な環境であった。昼間は気温が最高摂氏四三度にまで上がる。その暑さのなかで、万一の触雷にそなえ、隊員はヘルメットや救命胴衣を着用し、作業中は甲板の上にずっと出ていなければならない。そのうえ陸地から飛来する砂塵や油煙が目や口に入るので、防塵用ゴーグルとマスクをつけての作業である。湿度は夜間九〇パーセントを越えた。蠅や蚊にも悩まされた。

この厳しい条件のなかで、隊員たちは五日働き一日休むというスケジュールで働いた。朝は午前四時半起床、日の出からまもない五時過ぎに泊地を出発し、七時ごろから掃海作業を開始する。日没に合わせ午後七時ごろ泊地へ戻り、浮流機雷に備えて防雷網を展張、それから機器の整備・点検をやって、夜の十一時就寝という毎日である。

落合群司令は毎晩掃海艇が帰ってくると、各艇に乗りこんで残飯の状態を調べた。そして若い隊員の顔を見た。疲れていると残飯が多くなる。脂っこいものが余る。隊員の健康を預かる同行の医官と相談して、途中から四日作業一日休業とした。アメリカやドイツは三日働いて一日オフであったから、日本隊のスケジュールは依然として他の海軍より過酷であった。

それでも掃海部隊の隊員たちは、文句を言うことなく黙々と作業を続けた。特に昔風に言えば先任の下士官、つまり海曹長クラスの人たちが率先垂範、まめに働く。元々掃海艇は小さな所帯だから家族的で上下の区別がない。だから先任の海曹長はみんなから親父のように慕われている。その彼らが、たとえば艦首での機雷見張りをみずから志願してやる。危険海域で航行中もし機雷に接触したならば、まっさきに吹き飛ばされるのは艦首の見張りである。その危険な仕事を引き受ける。「若い隊員は、まだ人生を楽しんでいない。おれたちはもう十分長生きしたからいい」と言うのが、四十代から五十にさしかかろうというこの人たちの言い分であった。掃海母艦「はやせ」、補給艦「ときわ」でも、海曹長クラスが活躍した。若い隊員は、こうした先輩たちの背中を見て働いた。

それだけではない。全隊員が落合群司令の背中を見て働いた。現地を訪れた佐久間が若い隊員に聞くと、「仕事はつらいが、オヤジがやろうと言うからやるんだ」という答えが返ってきた。

その落合自身、先輩の薫陶を受けつつ海上自衛官としての経歴を重ねてきた。落合は三等海尉で護衛艦「きたかみ」の船務士を務めていたころ、同じ艦橋にいた第三十二護衛隊司令の中村悌次にめちゃくちゃどなられたのを覚えている。縮み上がるほどこわかった。しかし心から怒るものの、私心はないから気持ちがいい。港にいるとき中村は一日の仕事が終わるとよれよれのレインコートを着て官舎に帰っていった。そんな中村を、落合たちは親しみをこめてテイジ・コロンボと呼んだ。「きたかみ」での勤務が終わると、中村はにこにこして落合を呼び、「おおい、船務士、遠洋航海に行くか」と、ご褒美をくれた。そのときの遠洋航海で落合が指導した実習幹部の一人が、現海上幕僚長の藤田幸生海将である。みんな先輩を見習って海上自衛官として育ったのだと、落合は思う。

隊員たちは作業中以外のときでも模範的であった。部隊が一定期間行動を共にすると、普通約五パーセントほどの服務規律規定違反というのを起こすのだそうだ。酔っ払ってのトラブルだとか、交通違反とか、そうした事件が起こるたびに指揮官は処理に奔走する。ところが湾岸派遣部隊は日本を出てから再び帰ってくるまで、百八十八日間、一件も問題を起こさなかった。「繰り返すけど、隊員は決して優秀ってわけじゃあないんですよ」と落合は言う。「世間並みには、どちらかといえばあんまりできがよくない。そんな彼らが一件も問題を起こさない、作業はきちんとやる。帰って僕は海幕長に言ったね。海上自衛隊の教育まちがってなかったってね」

派遣部隊の隊員たちは、ドバイやバーレーンなど、寄港地でもマナーがいいと評判であった。何かというと暴力事件などを起こす他国海軍の一部水兵と違って、礼儀正しいし、安心だというので、タクシーが海上自衛隊の隊員を乗せたがる。街の市場でも歓迎される。各国海軍の指揮官は、港に入ると自国の隊員が何か問題を起こすのではないかと心配で神経が休まらないのに、どうして日本掃海部隊の隊員はトラブルを起こさないのか、本当に問題がないのか、どんな教育をしているのかと、落合司令にたびたびたずねた。落合は、いや特別な指導は何もしていないと答えたが、内心は得意であったろう。隊員はごくごくふつうの青年たちであったが、自分たちが日本の代表として外へ出ていることを、自然にわかっていたようだと、彼は言う。

落合群司令にとって、隊員のことで一番気にかかったのは、残してきた家族のことであった。家族が安心していなければ、隊員自身が安心して仕事ができない。そこで日本を出るとき、家族のことをよろしく頼むと佐久間海幕長に頼んでいった。自らも五一一人の家族全員に手紙を書く。独身者は両親あてに、妻帯者は奥さんあてに、毎日せっせと認《したた》める。すると手紙を受け取った家族全体の八割近くから、返事が届いた。なかには「隊長さんのお手紙で息子が湾岸に出ていることを初めて知りました。息子のことをよろしくお願いいたします」などというのもあった。落合は平成の銃後の父や母たちが、それなりに立派だったと思う。みな息子や夫が立派に仕事をするよう、そして無事に帰国するよう、静かに祈りながら待っていた。

落合は隊員たちにも「家族に手紙を書け書け」と勧めた。「家族と気持ちが一つになっていなければ、苦しい仕事を落ち着いて長期間できるわけがない。だから書きなさい」。けれども若い隊員たちは、手紙は面倒なのか、寄港地からコレクトで電話をかけていたようだった。手紙というのは自分たちの世代のものだったかと、落合は思った。このほかにも、海幕広報室長古庄幸一一等海佐の発案で、隊員たちの動向を報ずる『タオサ・タイムズ』という新聞が発行され家族に配布されたし、呉、佐世保、横須賀の各基地では留守家族との懇談会が開かれた。

湾岸の夜明け

六月五日に掃海作業がはじまって、しばらくは機雷の処分がなかった。「ストリップ掃海」といって、ちょうど薄紙を短冊状に切り一枚一枚はいでいくように、海面を一〇〇ヤード（約九〇メートル）の幅で区切って、「はい一枚、もう一枚、はい一〇枚、では次の場所」というように、安全確実な方法で作業を進めた。これに対し東京は「まだ成果があがらないか」と、相当いらいらしたらしい。海幕の担当官が電話で落合群司令とどなりあっているのを聞いた人がいる。けれども東京から何と言われようと、落合にとっては隊員の安全が第一であった。そのためには急がない。六月十二日午後、古庄海幕広報室長に引率された防衛記者クラブの面々が、「ときわ」に便乗して掃海海域近くに来たときには、落合は古庄に向かって、「来るのが一週間早かった」と言った。翌十三日記者会見に応じた落合群司令は、今回の掃海作戦を、「この作業から湾岸の平和が始まることを願って」"Operation Gulf Dawn"（湾岸の夜明け作戦）と名づけたことを明らかにした。落合は頭のなかで、この作戦が単に湾岸だけでなく、海上自衛隊の新たな夜明けとなることを考えていたのかもしれない。

こうして六月十七日までに、七〇パーセントの水域で機雷の位置を確認したあと、実際に機雷の処分にとりかかった。十九日の午前中、掃海艇「ひこしま」が処分用の爆雷を投下し、一同固《かた》唾《ず》を飲んで待つ。「ひこしま」艇長の新野浩行三等海佐は、「もし一発目の処分が失敗したら派遣部隊の今後の士気に重大な影響を与える」と、緊張した。秒読みが始まって予定の十時一分、海上自衛隊風にいえば「ヒトマルマルヒト」ちょうど、水中から二度の爆発音が伝わり、海面が泡立った。ゆっくりと水柱が上がる。その高さは五〇メートルに達した。成功である。隊員たちから大きな歓声が上がった。

その日の午後、さらにもう一個、翌日は初めて水中処分員（ダイヴァー）の手によって一個。都合三個の機雷を処分する。七月一日までに合計一六個の機雷を処分し、七月四日いったんバーレーンの首都マナマのミナ・サルマン港に入る。掃海部隊は一ヵ月ぶりに一週間休養をとった。七月十四日に作業を再開、もう一個機雷を処分して、合計一七になる。一個ボカンと処分すると、その晩はみなでビールで乾杯し、しこたま飲む。もう一個ボカンでまた飲んで、半年分積んで出かけたビールが七月いっぱいで空になった。落合群司令は、どうも飲むのが楽しみで隊員の連中は一日一個に処理を押さえているのではと疑ったが、東京へ電報を打って至急ビールを送るよう要請した。アメリカのPXで根こそぎ缶ビールを買わせてもらったのは、このときである。それでも足りなくて、オランダやドイツの海軍からも融通してもらった。

七月二十日に担当水域での掃海作業をすべて終了し、ドバイのラシッド港へ戻った掃海部隊は、次に前述のやっかいな海域での掃海に着手した。ペルシャ湾の一番奥に位置し、イラク・イランの領海にかかるため、まず両国の了解が必要となる。二十五日にイラクの承認が得られたため、部隊は翌日ラシッド港を出港し、掃海海域に向かった。チグリス・ユーフラテス川が合流したシャトル・アラブ川の河口に近いため、水深が一〇メートル前後しかない。また潮の流れが非常に速い。さらに石油のパイプラインが海底を走っていて、これを破裂させたら海が汚染される。掃海作業を行なうには最悪の海域であった。イラクは多国籍軍の上陸を防ぐため、ここにイタリア製の高性能沈底機雷マンタを含む機雷多数を敷設していた。

派遣部隊は二十八日から掃海作業を開始した。掃海艇「さくしま」の水中処分長渡邊明洋一等海尉によれば、水深が浅すぎて曳航式の掃海具が使えない。ソーナーで機雷を探知し、ダイヴァーを下ろして処分するのだが、潮の流れが速く海底からまき上げる砂のため海水が濁り、視界はほとんどゼロである。自分の手も見えない。水中処分員は海底にはいつくばり、ナイフを砂に刺して身体を保持し、手探りで機雷の捜索にあたった。これでは危険だと判断して、機雷掃討作業は潮が止まる時刻を見計らって急いで実施する。それでも視界が悪く、水中メガネでは前方の狭い部分しか見えない。うっかりすると頭や足が機雷の触角（信管部分）に当たってしまう。一度誤ってナイフを機雷に「コン」と当てた。音響機雷は単発の音には感応しないが、もう一度音を出したら終わりだと思って、身が縮んだ。結局湾岸での全処分機雷三四個のうち、二九個をダイヴァーが処分した。

落合によれば、海上自衛隊が世界最高の掃海技術を有するというのは、半分本当で半分嘘なのだそうである。渡邊のような水中処分員の技倆は、疑いなく世界一である。しかしアメリカやヨーロッパの海軍は無人の水中探索用潜水艇をもっており、水上でテレビの画面を見ながら、ジョイスティックのような操縦桿を操作して、水中の機雷を探すことができる。何も危険を冒してダイヴァーを下ろす必要がない。落合はダイヴァーが潜って、規定の九分後に水面に上がってくるのを待つ間、毎回胃が痛くなるような思いをした。

また各国の掃海部隊では、GPS、レーダー、ソーナーのデータをすべてコンピューター処理できるようになっている。見つけた機雷を自動的にチャート（海図）にプロットできる。当時の海上自衛隊には、そうしたコンピューター化した掃海艇がなかった。チャートを作るのも職人芸に頼る。海上自衛隊掃海部隊の装備は九ヵ国海軍のなかでサウジアラビアの次におんぼろであった。そのおんぼろ艦艇や装備を修理しながら、だましだまし使う。この作戦中、同行した整備部員は実に三一五件の故障・不具合を処理し、一〇〇パーセントの稼働率を維持した。ほとんど神業である。

落合は日本に帰ってから掃海部隊の近代化を強く進言したが、期待したほど実行されていない。技術がないのではない。限られた予算を配分すると、掃海部隊まで回ってこないのである。アメリカ海軍の掃海母艦「トリポリ」が二万五〇〇〇排水トンあるのに、「はやせ」はたった二〇〇

○トンであった。落合は三万五〇〇〇トン級の掃海母艦建造を進言したけれども、できあがった新造艦は五六〇〇トンしかなかった。

劣悪な環境のなか、限られた艦艇と装備でありながら、派遣部隊の隊員はベストを尽くした。やっかいな海域での掃海作業は八月十九日に終わる。この海域では合計一七個の機雷を処分し、ペルシャ湾での処分機雷は全部で三四個となった。この間分派された掃海艇一隻が、クウェート沖の航路帯拡幅作業を行なうこととなった。イランの海軍基地を親善訪問したあと、再びクウェート沖で航路帯拡幅作業と泊地掃海に従事し、さらにサウジアラビアのカフジへの航路帯で最後の掃海作業を行なった。

九月十一日、アメリカ海軍の将兵と一緒に作業完了を祝うアイアン・ビーチパーティーを開催、一同大いに飲んだあと、東京から電話がかかってきた。イラン政府がイラン領内にある海域での掃海を初めて認めたという。海上自衛隊が二隻、アメリカ海軍も二隻を出す。すぐ準備にかかれ。いっぺんに酔いがさめてすぐに出港、翌朝六時に現場に到着する。ところが再度東京から電話があり、イランの大統領が掃海はやはりまかりならんと言っている、よって掃海は中止、作業終了せよとのこと。落合はいっぺんに肩の力が抜けると同時に、「終わった、部下を死なせる必要がなくなった」と、しみじみ思ったそうだ。これで派遣部隊の任務はすべて終了した。稼働率一〇〇パーセント、一人の死傷者も出さない。赫々たる戦果であった。

掃海艇の帰国

掃海派遣部隊は九月二十三日、ドバイのラシッド港を出港して、帰路についた。オマーンのマスカット、スリランカのコロンボ、シンガポールを経て、フィリピンのスービック米海軍基地へ。台風一八号接近のために慌しくスービックを離れ、十月二十四日、日本領海に入った。沖縄の那覇基地を飛び立った海上自衛隊のP－3C対潜哨戒機、航空自衛隊のF4EJ戦闘機が編隊を組んで出迎える。沖縄本島に近づくと、沖縄基地隊の掃海艇二隻が「お帰りなさい」の文字板を舷側につけて洋上で会合し、併走して帰国を祝った。

日向灘から瀬戸内海へ入った派遣部隊の六隻の艦艇は、十月二十八日、広島湾の大黒神島沖の泊地に到着し、投錨する。ここで一日休養した。落合司令は「息をする以外、何もするな」と命令する。いったん入港すれば、歓迎行事でもみくちゃにされる。隊員は疲れきっていた。ここはまずゆっくり休ませる必要がある。陸で待つ海自OBなどからは、目の前まで帰ってきてなぜすぐに入港しないのかという声も上がったが、落合はあの日一日休んで本当によかったと思っている。

二十九日には七月一日づけで統合幕僚会議議長に就任した佐久間一海将に、新しく海上幕僚長となった岡部文雄海将、在日米海軍司令官のジェシー・フェルナンデス少将、伊藤達二自衛艦隊司令官が、ヘリコプターで「はやせ」に来艦、打ち合わせを行なった。そして三十日の朝、いよいよ呉に入港する。海上には反対派のボートが二〇隻ほど出て、スピーカーでどなっていたが、六隻の海上保安庁巡視艇があいだに入って、派遣部隊には近づけない。

港は歓迎ムード一色であった。呉と江田島を結ぶフェリーの舷側には、「ごくろうさまでした」と書いた幕が垂れ下がっている。掃海艇「あわしま」の左舷には、HOME AT LAST（ついに帰った）という英語の幕が、レールにそってつけられた。岸壁では家族が日の丸の旗を振って歓迎する。各艦の隊員たちは、人ごみのなかに自分の家族を見つけて喜ぶ。旗艦「はやせ」がFバースに横付けし、舫《もや》いを取ったとき、落合司令はかたわらの宮下英久首席幕僚に、「ご苦労だった」と一言声をかけた。

岸壁での歓迎式典には、出港のとき見送らなかった海部総理が出席した。総理が姿を現したときに、拍手はまばらである。海部総理に対する反応と比べ、落合群司令が掃海母艦「はやせ」から姿を現したときの列席者の反応は熱狂的であった。岸壁で落合を迎えた者のなかには、もちろん佐久間統幕議長の姿もあった。

この瞬間、両者の胸にはさまざまな感慨が去来したことだろう。湾岸への掃海艇派遣が実現するまでの苦労。一件の事故も起こさず五一一人の隊員全員が立派に任務を遂行して日本へ帰ってきた喜び。湾岸での経験を経て海上自衛官として一段とたくましく成長した一人一人の隊員に対し感じる誇らしさ。それだけではない。落合群司令は沖縄で死んだ父のことを、多くの犠牲者を出しながら日本の沿岸で掃海を続けてきた海上自衛隊掃海部隊の歴史を、地方連絡部で若い隊員たちを採用し育ててきたことを。佐久間統幕議長は第一期生として防衛大学校へ入り、町で税金どろぼうとののしられたことを、校内で酒を飲み防大初の戒告処分を受けた必ずしも模範生ではなかった学生時代を、何かというと「海軍では」を連発する帝国海軍出身の上官たちに反発した若い士官時代を、それぞれ思い出していたのかもしれない。

三十日の夜、池田防衛庁長官主催の歓迎会が家族も招いて開かれたあと、翌三十一日の朝九時から派遣部隊の解散式が行なわれた。岡部海上幕僚長と伊藤自衛艦隊司令官による訓辞のあと、落合群司令が最後の訓辞を行なう。まず米国海軍中東艦隊司令官のテーラー少将ならびに、派遣部隊隊員と「共に肩をいだきあい作業を実施した」米海軍掃海部隊の指揮官ヒューイット大佐からの感謝メッセージを披露した。記念に贈られたイラクの触発機雷に添付されたものである。ヒューイット大佐は、「米海軍対機雷戦部隊と緊密に連携をとりつつ勇敢に掃海作業にたずさわった親愛なる落合指揮官及び彼の将兵に対し、ここにイラクの敷設した機雷を贈呈する」と記した。

そのあと落合指揮官は隊員に向かって、三つのことを述べた。

その第一点は「感謝の気持ちを忘れるな」ということである。派遣部隊が任務を果たしえたのは、隊員の努力だけでなく、多くの関係者、とりわけ留守を守りぬいた家族の支援によるものである。これらの方々に対し、我々は常に感謝の気持ちを忘れてはならない。

その第二は、「誇り」についてである。隊員諸君は、この半年間、ペルシャ湾において、高温多湿、砂塵に煤煙といった劣悪な環境条件のもと、機雷処分という危険きわまりない作業を黙々として実施し、わが国の船舶の安全航行を確保するという任務を完遂し、国際的に貢献したことは、実に見事であり、大いに誇りとするところである。だがしかし、「誇り」とは自分の胸のなかにそっとしまっておくべきものであり、これを「鼻先に」ぶら下げたり、他人に見せびらかしたり、ペラペラしゃべったりするものではない。それをしたとたんに「誇り」は真の「誇り」ではなく、ゴミ、チリ、アクタのホコリと化してしまう。この「誇り」を自分を磨く糧として、自分の心の中に大切にしまっておき、苦しいとき「何くそ」と自分をふるいたたせる道具として（中略）、使ってほしい。

第三点目は「練磨」についてである。今回任務を果たしえたのは、平素きたえた術力をいかんなく発揮したからにほかならない。術力は一日にしてつくものではない。常日頃からの不断の練磨の積み重ねがなければ、「いざ」というときの「力の発揮」にはつながらない。誇り高き隊員諸官、早速今日からお互いに切磋琢磨し、腕を磨き、明日に備え常に鍛えてたくましくなろう。

そして落合群司令は、次のように訓辞をしめくくった。

「これをもってペルシャ湾掃海派遣部隊を解散する。横須賀、佐世保への安全なる航海を祈るとともにご家族の皆様によろしくつたえてほしい」

こうして海上自衛隊発足以来初めての実任務部隊は解散し、隊員たちは新たな任務に備えて訓練を再開したのである。

X　海の友情、その後

ナッシュヴィルのアワー

ジェームズ・アワーが米国防総省日本部長の地位を退いたのは、一九八八年の八月である。レーガン大統領は翌年の一月に任期を終えて引退する予定であった。まもなく一つの時代が終わる。政権交代を機に辞職し、、海軍士官としてまた国防総省の官僚として携わってきた日米安全保障関係を、これからは外部から見守りたい。そして自分の経験を生かして助言をしたい。アワーはそう考えた。

ちょうどそのころ、アメリカでは八〇年代を通じて経済力を格段に強めた日本に対する関心が非常に高かった。各地の大学で日本関係の講座が次々に開かれる。テネシー州ナッシュヴィルにあるヴァンダービルト大学でも、学長が日本研究に興味を示した。この情報を得たアワーが連絡をとると、同大学は公共政策研究所の一部門として新しく日米研究センターを設け、その所長にアワーを迎えたいと言ってきた。ヴァンダービルトは妻ジュディーの母校である。ナッシュヴィルの郊外フランクリン市には彼女の両親が住んでいた。そばに住めるなら、ジュディーも喜ぶだろう。アワーはヴァンダービルトからの招聘を受けることに決める。上司のアーミテージ国防次官補も賛成してくれた。ちなみにアワーのあと国防省日本部長の仕事を引き継いだのは、筑波大学への留学経験があるトーケル・パターソン海軍少佐である。パターソンはのちにブッシュ政権とクリントン政権下のホワイトハウスで日本と韓国に関する安全保障政策を担当した。海軍を中佐で退役してからも日米および東アジアの安全保障問題全般について活発な発言を続け、新しいブッシュ政権で再びホワイトハウス入りをした。

八月最後の金曜日に国防省で最後の勤務を終えたアワーは、新学期早々大学での仕事を開始するため、翌日一家そろって住みなれたワシントン郊外アーリントンの自宅を引き払い、車でフランクリンを目指した。ナッシュヴィルから車で三十分ほど走ったところにあるこの町は、なだらかな丘が連なるのどかな田園地帯のただなかにある。南北戦争のさなか、有名な会戦が戦われた古戦場でもある。ワシントン周辺と比べると、一軒一軒家の敷地が格段に広い。アワー一家はジュディーの父親が趣味で酪農を営む農場の隣に、家を買った。その後義父が亡くなったあと、農場を買い取って住んでいる。アワー家の子供たちはこの恵まれた環境で、すくすくと育つ。

アワーの新しい職場である日米研究センターは、ナッシュヴィル市内に広がるヴァンダービルト大学キャンパスの一画に建つ古めかしい石造りの建物のなかにある。元々は十九世紀後半に建造された民家だったものを、大学が取得して最初は学長の公邸として使い、のちに研究棟へ改造した。階段をあがりかつてこの家の主寝室であったアワーのオフィスに入ると、正面に東郷平八郎提督の絵がかかる。この絵にはいささかの由来がある。

アワーは一九七〇年に日本で博士論文を書くための調査にあたったとき、内田一臣海上幕僚長のすすめで広島県江田島の海上自衛隊幹部候補生学校を訪れた。そして同校の教育参考館を見学した。特攻隊に関する展示を見てアメリカ人として不快に思うのではないかと内田は心配したが、アワーは少しもそのようなことはなかったと答えた。それよりも印象に残ったのは、戦艦「三笠」に明治天皇を迎えて日露戦争凱旋観艦式に臨む東郷平八郎提督を描く大きな油絵であった。東郷提督は国を問わず海軍士官にとって尊敬の的である。この絵を見て感激したことを内田に言うと、しばらくして郵便で封筒が届いた。教育参考館にかかる絵を内田が誰かに命じて写真に撮らせ、引き伸ばしたものが入っていた。アワーは内田の好意を感じ、この写真を移動のたびに持って歩いた。「フランシス・ハモンド」の艦長室にも飾った。

ところが何年かすると、この写真の色が褪せはじめる。アワーは横須賀海軍基地の近くに、海軍関係者に絵を売る店があるのを思い出した。アメリカ海軍の士官や水兵に頼まれてガールフレンドの肖像画や軍艦の絵を描くのである。アワーは横須賀在住の友人木村英雄に写真を送り、くだんの絵師が三〇〇ドルで模写を引き受けてくれるかどうか、聞いてもらった。写真を見せられた絵師は興味を示し、本物に負けない出来映えの油絵を仕上げたのみならず、立派な額に収めて送り返した。アワーはこの「贋作」を国防総省の執務室に飾り、ヴァンダービルトの研究室でも壁にかけた。日本人アメリカ人を問わず日本海軍の歴史を知る人々が訪れるたびに、絵を見せて羨ましがらせている。

アワーの執務室にあるもう一つの宝物は、昭和天皇から井上成美海軍大将に贈られた一対のカフスボタンである。博士論文執筆のため日本に滞在中、アワーは対米戦争に一貫して反対し終戦工作にあたった井上大将にインタヴューしたいと願い、友人の妹尾作太男など井上が海軍兵学校校長であった時代の教え子を通じて再三申し入れた。しかし横須賀長井の自宅に引っ込んでいた井上は病気を理由にこれを断わり、五年後の一九七五年十二月に亡くなる。鎌倉イエズス会の語学学校で日本語の勉強をしていたアワーは、海軍の制服に身を包んで井上の葬儀に参列した。さらに二年後の夏、富士子夫人の葬儀にも出席する。白い制服に黒い腕章をつけたアワーは、約二時間半ほど他の日本人とともにじっと正座をしたままだった。

一九七九年四月、ワシントンの国防総省へ転勤するアワーの送別会が都内で開かれたとき、妹尾の知人で井上を大叔父に持つ伊藤健夫氏が、井上大将のカフスボタンに手紙を添えてアワーに渡した。伊藤は家族から、井上夫妻の葬儀に参列したアメリカ海軍士官の話を聞き、「立派な海軍軍人だ」と感心した。そして生前井上から贈られ大切にしていたカフスボタンをアワーに譲ったのである。昭和天皇は戦後長井に引きこもった井上の様子を案じて侍従を差し遣わし、見舞金を渡そうとした。茅屋に住み侍従をもてなすこともできなかった井上は、「今は日本人みなが苦しい思いをしているから」と、受け取らなかった。天皇はそこで自ら身につけていた一対のカフスボタンを井上に贈ったのだと、アワーは聞いている。アワーはこうした由緒あるカフスボタンを貰い受けたことを光栄に感じ、国防総省で勲章を授与されたとき身につけて出席した。

アワー一家には、もう一つ日本海軍に関する家宝がある。木村英雄の父から贈られた戦艦「三笠」の甲板材の一部で、「勝つ」という言葉が彫られた木片である。戦後荒廃しスクラップにされそうになった「三笠」を、アメリカ海軍と協力して永久保存することに地元の代表として功績のあった木村の父は、亡くなる前にこの歴史的な木片をアワーに贈りたいと申し出た。アワーは木村が受け取るべきだと辞退したが、木村は海軍士官がもつべきものだと言って聞かなかった。それ以来アワーは大切に保管してきたけれど、数年前この貴重な品をやはり日本へ返すべきではないかと木村に相談する。木村は、それならばアワーの養子の悌一郎、通称テイに贈れと助言した。昨年所属するボーイスカウトの最高ランクである「イーグルスカウト」の称号をテイが受けたとき、アワーは式典で内田提督と中村提督からの祝いの手紙を朗読したあとで、この木片を息子に贈った。立派なイーグルスカウトになりなさい。日本人としての誇りを持ちなさい。参列した二〇〇人ほどのアメリカ人たちは皆感銘を受け、口々にいいスピーチだったとアワーに言った。

ワシントンを離れナッシュヴィルに移ってからも、アワーは毎日飛び回っている。ヴァンダービルト大学では論文執筆のほかに、教壇に立って学生を教える。一つは一般学生向けの日米関係を中心とする東アジアの国際環境に関する講義、もう一つは主として海軍の予備士官訓練プログラム（NROTC）に属する学生向けの海軍史の講義である。NROTCの学生は、軍事史の講義を受けることを義務付けられている。通常このコースは海軍士官が担当する。ところがヴァンダービルト大学史学科は、博士号を保持する者が教壇に立たないかぎり単位を与えないと言い出した。そこで博士号をもつアワーが頼まれ、現職の海軍士官とチームを組み、海洋勢力盛衰についての歴史を教えることになったのである。アワー自身、ウィスコンシン州ミルウォーキーにあるマーケット大学で海軍予備士官としての教育を受け、卒業後海軍軍人としての道を歩みはじめた。それから四十年ちかく経って、かつての自分と同じように海軍をめざす若者を教育することに熱意を燃やす。教え子がすでに何人も、現役の士官として活躍中である。

日米センターは、日本からの留学生も受け入れる。防衛庁、通産省、警察庁など政府の若手官僚や、民間出身の日本人学生がアワーの世話になった。アワーはそのうちの何人かから結婚式に招かれ、わざわざ日本へ飛んで列席した。日本の大学教授以上に教え子との関係を大事にする人である。

九〇年代の日米安保関係

アワーの活動はナッシュヴィルに留まらない。たえずワシントンに飛んで国防関係者と会い意見を交換する。議会の外交委員会で対日政策について証言する。また全米各地で開かれるさまざまな学会やシンポジウムに招待され、日米安保関係についての講演をする。さらに毎年日本を訪れ、海上自衛隊をはじめ安全保障政策の担当者や政治家、学者やジャーナリストなど、広範な分野の人々と会い意見を交わす。日米関係に関する会議で、日米同盟の重要性を強調するアワーの姿はすっかり親しみ深いものとなった。実際九〇年代を通じて、アワーが意見を求められる場は多かった。

冷戦の終結とソ連の崩壊は、日米安全保障体制の有効性を証明したが、同時にそのあり方について再検討を迫ることとなる。冷戦後、日米同盟の存在意義は何にあるのか。今までどおりの戦略と装備で同盟は維持できるのか。変えるべきは何で、変えるべきでないのは何か。新しい任務役割分担はどうあるべきか。湾岸戦争への参加をめぐって日米関係が緊張したあとも、両国の安全保障政策担当者は引き続きこうした問題への答えを模索した。

一九九三年に発足したクリントン政権は、当初日米安全保障関係をそれほど重視しなかった。むしろその力点を経済通商関係におき、安全保障面での協調を犠牲にしても日本の譲歩をかちとることを目指す。このため日米関係は新政権の当初相当ぎくしゃくした。プロセスよりも具体的な結果を求めるクリントン政権の強引な通商政策は日本側の強い反発を招き、一九九四年の首脳会談で細川首相はクリントン大統領の求めに対し明白にノーと返答する。日米関係は一つの危機を迎えた。

この状況を心配したのは、アワーをはじめとする政府内外の安全保障専門家である。日米が経済通商問題で角突き合わせているあいだも、極東情勢の緊張は続く。中国や朝鮮半島の情勢が不安定なときに、日米関係が安定を欠くのは危険だ。実際に一九九四年、北朝鮮による核開発の証拠をつかんだ米国が軍事行動を起こす一歩手前まで進んだとき、日本には何の準備もなく、日米間で協力する体制もできていなかった。もし実際に戦争が始まっていたら、日本は相当あたふたして日米安保体制にさらなるひびが入っていたかもしれない。細川首相の私的諮問機関として発足した、佐久間一元海上幕僚長・統合幕僚会議議長を座長とする防衛問題懇談会が、九四年八月に村山首相のもとで、日米安保体制の堅持よりむしろ多角的安全保障協力の促進に重点を置いたのではないかと思わせるような内容の報告書を発表したことも、アメリカ側に日本の安保政策について懸念を抱かせた。

これではいけないという危機感が両国の政策担当者によって共有され、日米安全保障体制の枠組みをもう一度検討しようとの動きが起こる。日米のあいだで公式非公式な対話が繰り返しなされ、その結果がようやく形をとったのが九六年四月、橋本総理大臣とクリントン大統領が東京で発表した日米安全保障共同宣言であった。宣言は日米安保体制が両国だけでなく、アジア太平洋地域全体、さらには世界の平和と繁栄にとって肝要であることを再確認する。宣言を受けて引き続き協議が行なわれ、九七年には新しい日米防衛協力の指針、新ガイドラインもできた。これを受けて周辺事態安全確保法などの国内法整備も進んだ。いわゆる周辺事態に際して日米が協力して対処する枠組みが、不完全とはいえ一応整った。

こうした問題に関し、アワーは積極的に発言してきた。特に新ガイドラインのもとで自衛隊が果たすべき役割の検討が、日本は集団的自衛権の行使をしないとの前提で進められるのに異議を表明し続ける。日米同盟が将来にわたり両国にとって意味のある役割を果たすには、日本がこれまでの政策を改め、その固有の権利である集団的自衛権を行使する可能性について検討すべきだ。集団的自衛権に関する現行の憲法解釈のもとでは、目の前で米海軍の艦船が攻撃を受けても、近くにいて後方地域支援などにあたる海上自衛隊の艦船は、その攻撃が自艦に対するものでないかぎり、同盟国の将兵を守るために発砲することができない。もし米海軍の将兵に多数の死傷者が出る事態が発生し、そばにいる海上自衛隊の艦船が何もしなければ、日米同盟関係はただちに崩壊する。それを防ぐためには、現行憲法のもとで集団的自衛権の行使は許されないというかたくなな憲法解釈を、日本政府はゆるめるべきである。

八〇年代海上自衛隊と米海軍が協力してソヴィエト海軍の抑止に成功したとき、日本はそれが個別的自衛権の範囲内で行なわれたという立場をとったけれども、アメリカから見れば実際には集団的自衛権の行使以外の何物でもなかった。リムパックへの参加も、イージス技術の提供も、アメリカが日本をともに戦う同盟国とみなすがゆえに実現したのである。日本は一日も早く不自然な建前を捨てて、日米防衛協力を真に意味あるものにすべきである。

九六年三月には中国が台湾総統選挙にあわせてミサイル発射を含む演習を開始し、台湾海峡がにわかに緊張する。この事態に対応するため米海軍が二隻の航空母艦を派遣したとき、アワーは中国への抑止を目的として海上自衛隊の護衛艦も出動させるべきだったと発言した。

こうしたアワーの主張は、日本側でも岡崎久彦などが共有する。岡崎は日本が集団的自衛権を行使するかもしれないと言うだけで、抑止効果があると主張している。

その後の提督たち

むずかしい政策に関する問題はさておき、海軍少尉として初めて日本を訪れてから三十七年、博士論文執筆のために日本へ滞在してから三十年、アワーと日本との縁も長くなった。この間アワーが築いた最大の財産は、多くの日本人とのあいだで築いた友情の数々であろう。毎年日本へ来るたびに、今でも川村純彦元海将補が中心となって淡々会が開かれる。メンバーはそれぞれ歳を取ったけれども、みな元気である。

内田一臣はすでに八十五歳になった。すべての公職を退いたが、かくしゃくとして元気である。昨年郷里岡山の勝北町から名誉町民の称号をもらった。海軍軍人、海上自衛官としての功績を称えるものである。記念に米や奈良漬けなどをたくさん送ってきた。この話があったとき、内田は一度帰郷する。そして町の有力者との集まりで、「戦後くにへ帰って百姓をやったとき、米俵を作るのがうまくいかず、検査員からやり直しを命じられ一緒に作ってもらった思い出がある。そんな自分でも名誉町民にしてくれるか」と尋ねた。皆が笑いだし、もちろんだと合格にしてくれた。なんとそのときの検査員が元気に名乗りをあげ、握手となる。淡々会の席上でこの話を皆に披露する内田は、いかにも楽しそうで、また嬉しそうであった。

中村悌次はしばらく淡々会に出席していない。家族に病人が出て看護に忙しいのである。二〇〇〇年アワーは思い切って中村を自宅に訪れた。大変元気であったそうだ。中村は筆者にたびたび便りをくれる。書いたものに対する感想が、几帳面な字ではがき一杯に認めてある。内容についてはおおむね好意的だが、自分のことを書かれると機嫌が悪い。相変わらず自らの功績を少しも誇らない。

海軍関係者の集まりである水交会の会長を、内田、中村、大賀良平が順々に務めたあと、二〇〇〇年吉田學が引き受けた。吉田が海上幕僚長を退いてから、もうすでに十五年の歳月が流れている。海軍兵学校七十五期、自分は兵学校教官を務めた中村さんの不肖の教え子だという吉田は、毎日元気に西へ東へと飛び回る。老齢化が進む海軍関係者が主体の水交会は二〇〇一年四月に海上自衛隊退職者の集まりである海上桜美会と統合することになっている。両者間の融和をはかり、海軍のよき伝統を今後に残すことが、結束の固い兵学校最後の卒業クラス代表である吉田が果たすべき役割となった。吉田はまた「日米ネービー友好協会」の会長を長く務め、海上自衛隊OBとして米海軍と海上自衛隊のあいだの友好親善に力を尽くす。海上幕僚長時代にともに働いたゼックやフォーリーといった米海軍のかつての指揮官たちとは、いまでも交流が絶えない。

海上自衛隊の最高指揮官である海上幕僚長も、湾岸戦争のときの佐久間一海将から数えて今はすでに六人目、現在は防衛大学校九期の藤田幸生海将が務める。その間、九五年一月には阪神淡路大震災が起こり、海上自衛隊は三自衛隊の一員として派遣され、被害者の救済にあたった。マスコミではそれほど報道されなかったが、延べ六七九隻の艦艇が動員され、その活動は被災者から感謝された。九七年一月にはロシア籍タンカー「ナホトカ」海難事故にともなう原油流出事件が日本海で発生し、海上自衛隊は海洋汚染の防止ならびに除去にあたった。このときは延べ九二〇隻の艦艇が出動した。九八年八月に北朝鮮が日本列島を飛び越えるミサイルを発射したとき、最初に探知したのは日本海に進出していたイージス護衛艦「みょうこう」であった。翌九九年三月に北朝鮮のものと思われる不審船二隻が能登半島東方の領海で発見され、初めて海上警備行動が発令された際、追尾して停船命令を発し、警告射撃をしたのは護衛艦「みょうこう」と「はるな」であり、警告のために爆弾を投下したのは対潜哨戒機P－3Cである。不審船の拿捕には至らなかったものの、国民は初めて海上自衛隊の作戦実施能力を目のあたりにした。こうして海上自衛隊の存在感は、湾岸戦争後の掃海艇派遣以来十年間で一段と増した。ロシアの駐在武官に情報を提供して現職海上自衛隊員が逮捕されるなど、問題がないわけではないが、海上自衛隊は総じてよくやっていると、国民は感じているように見受けられる。

若い世代の日米交流

今日の海上自衛隊の中核をなすのは、内田や中村の息子や孫にあたる年代の人々である。人によって昇進の早さに差はあるものの、幹部のなかではすでに昭和三十年代生まれ、四十代前半の人々が一等海佐に昇進しはじめ、艦長や護衛隊司令、海上幕僚監部の班長や課長といった中枢の役割をになっている。彼らは左翼勢力が全盛であった昭和四十年代にはまだせいぜい中学生であったから、少し上の世代によく見られたように、周囲の風潮に逆らい変わり者と思われながら防衛大学校や一般大学を経て海上自衛隊に入ったわけではない。むしろ自衛官としての仕事に魅力を感じ、あるいは海や空にあこがれて入った者が多い。生まれたときに貿易商の父親から海夫という名前を与えられ、宿命のごとく海上自衛隊に進んだ人や、父親が海上警備隊時代に入隊した草創期の海上自衛隊員で、なだめすかされて結局親のあとをついだという人がいる。

ある隊員は防衛大学校でマネジメントを学んで、親の事業を継ごうと考えた。防衛大学校に来て教官にそう述べたら、「ばかやろう、ふざけるな」と言われる。実家の事業がつぶれて仕方なく海上自衛隊に残ったが、それでも一等海尉になったらやめて、観光業、牧場、実家再興など、なにか事業をやろうと考え続けたという。しかし江田島、遠洋航海、初任幹部と、入隊してからはむやみと忙しくて、自分の将来をゆっくり考える暇がなかった。艦艇勤務を繰り返し、幹部学校へ進み、初めて国の安全保障について考えた。そして気がついたら自ら防衛政策を担当する立場にいた。もう外の世界のことを考えるのはやめた。仕事はつらい。常に苦しい。でも弱音ははかない。いつのまにか、一人前の海上自衛隊員になっていた。

こうした中堅幹部の多くは、アメリカへの留学経験がある。あるいはリムパックやその他の共同訓練を通じて、米海軍とじかに接した経験がある。これまた戦後第一世代とはちがって、アメリカに対する妙なコンプレックスや気負いはない。ものごころついたときには日本はすでにかなり豊かになっていて、アメリカへ渡っても別に驚くことはなかった。中学生のときからマクドナルドを食べて育った年代なのである。間近に接する米海軍の連中には、おおむねいい印象をもっている。ある潜水艦乗りの幹部は、遠洋航海のときイギリスのポーツマスで卵をぶつけられたのに、アメリカへ渡ると親切極まりなくて、なんて明るい人たちなのだろうと思ったそうだ。

彼らは技倆の点でも、米海軍と自分たちをまったく対等と考える。いや分野によっては自分たちのほうが上だという自信さえある。あるヘリコプター乗りの幹部は、米国コネティカット州にあるシコルスキーの本社へ新型ヘリコプターの受領に行き、海軍出身のテストパイロットたちに対して、存分に自分の操縦技倆を見せつけてやった。大いに敬意を表されたそうだ。「アメリカ人は力のある者を無条件で尊敬しますからねえ」と彼は言う。親しくなった米人テストパイロットは、最後の慣熟飛行の日、わざわざマンハッタンまで飛んで自由の女神の上を旋回してくれた。女神がかざすたいまつの上を、日の丸をつけた海上自衛隊のヘリコプターが何度も回った。

けれども同時に、彼らは米海軍を世界最強の海軍として尊敬し恐れてもいる。一度も実戦を戦ったことのない海上自衛隊員は、数々の実戦経験がある米海軍軍人に対して敬意をいだく。「ふだん見ていると、やり方はばらばらで、いいかげん。これでよく動いていると思うんですがねえ」と、ある米国留学帰りの幹部は言う。「実際に戦うと、これが強いんですねえ。我々にはまねができない」。補給を専門とするある幹部は、湾岸戦争のときノーフォーク海軍基地を視察のため訪れ、湾岸に出動する艦艇にコカコーラ、卵、パン、その他あらゆる種類の莫大な食糧を規則正しく搬入するトラックの列が何マイルにもわたって延々と続いていた情景が忘れられないという。

これが戦争を戦うということだと思ったそうだ。あるときは共同訓練で同じ艦艇に乗り組み、あるときは留学先の米海軍の学校で机をならべてともに学び、またあるときはガイドラインなど日米安全保障政策について議論を交わす。そうした経験を通じてこの人たちは米海軍の精強さを、またその背後にあるアメリカの国力を、よく理解している。この次に日本が戦争をするときには、ぜひアメリカの味方としてやりたいというのが、彼らの本音である。

そうした彼らが心配するのは、海上自衛隊と米海軍のあいだの日常の接触が、自分たちが若手の幹部として育ったころとくらべやや減少しているように感じられることである。かつてはリムパックのときに米海軍の艦艇に乗り組み、そのまま機関室での当直を任せられるなどということがあった。米海軍横須賀基地に所属する艦艇と湾を隔てた海上自衛隊横須賀基地に所属する艦艇のあいだで、シスターシップ同士の交流がさかんであった。始終お互いに行き来し、親睦を深めた。ここ数年、そうした活動が減っている。日米安保の最前線にいる若手の海上自衛官が、案外米海軍軍人とじかに心を開いて接する機会を得ない。

同じような危惧を、横須賀に駐在する日本びいきの米海軍若手将校数人も表明する。江田島の幹部候補生学校で一年間教えた経験があり大の日本ファンである某中佐は、数年前に比べて横須賀の米海軍全体が海上自衛隊との交流に熱心でないことを憂う。「ぼくが少尉中尉のころは、海上自衛隊のシスターシップと今週は何をやっているかと、上がうるさいほど言ってきたものだ。

それがこのごろはない。残念だ」。慶應義塾大学に米海軍から留学したあと第七艦隊旗艦「ブルーリッジ」で勤務し、最近ワシントンへ転勤になったある女性士官も同感である。「ハロウィーンや感謝祭など、アメリカの伝統的なお祭りに海上自衛隊の人たちを招待すればいいのにと思うのだけれど、なかなか実現しない。海上自衛隊の人たちは、行事ごとに招待してくださるのに」

彼らの意見によれば、海上自衛隊との交流活動が低下する理由はいくつかある。ひとつは近年日本政府の努力によって米海軍軍人の居住環境が充実し、基地の外に住む人が減ったこと。米軍軍人専用の住宅が次々に完成したため、海上自衛隊やその他の日本人との接触が減ったというのである。基地のなかや専用住宅地のなかにいれば、アメリカと変わらぬ生活ができる。日本人と接触せずとも生きてゆける。せっかく日本へ来て、これはもったいない。

第二は米海軍の予算と人員の削減である。人と予算が減っても、仕事は減らず、むしろ多くなっている。これまであった海上自衛隊との交流を行なう時間的精神的余裕がなくなった。日常の業務に追われる将兵が、わざわざ時間を割いて海上自衛隊員とともに時間を過ごすのは、案外大変なのだという。

そして第三は、リーダーシップの問題である。第七艦隊司令官や在日米海軍司令官から海上自衛隊との交流を盛んにせよとの強い意思の表明がないかぎり、下はなかなか動かない。ここ数年、そうした強い意思が感じられなかった。司令官たちも忙しい。日本に対する興味の度合いもさまざまであろう。なかにはワシントンやホノルルの方ばかり向いて仕事をする人もいる。厚木での艦載機夜間着艦訓練問題、神戸への艦艇寄港問題などで、日本側の米海軍への態度に不平をもつ指揮官もいるかもしれない。しかしこれからも海上自衛隊と米海軍の円滑な関係を保つためには、何よりも上からの明確な意思表明が必要だと、海上自衛隊に多くの友人をもつ彼らは言う。

このようにさまざまな問題をかかえながらも、海上自衛隊と米海軍は日米同盟の根幹をなす実力部隊として、西太平洋の安全保障を支えている。彼らをとりまく政治状況はそう簡単に動かないし、現在極東で大きな安全保障上の危機が起こっているわけでもない。しかし将来はわからない。そのときに備えて、海上自衛隊と米海軍の将兵は、ともに訓練を行ない、日々の業務を実行せねばならない。現在中堅の幹部たちも、あと二十年もすればおおむね引退しているだろう。「願います」と言って身を引いていく彼らのあとを継ぐのは、海や空で今鍛えられつつある若い隊員たちである。二〇〇一年三月、江田島から遠洋航海に出発する初任幹部たちは、年齢が二十三、四歳。湾岸戦争が勃発したときはまだ中学に入ったかどうかという歳であった。湾岸戦争の記憶さえ、これから育つ海上自衛隊員にとっては歴史に過ぎない。その彼らが、今から二十年後、三十年後の海上自衛隊を、そして日米同盟を支えていく。

二〇〇〇年の秋、海上自衛隊阪神基地隊を訪れた。関西に居住する水交会会員のために講演を頼まれたのである。到着してすぐ、基地隊司令古庄幸一海将補の出迎えを受けた。かつて江田島の卒業式に招かれたとき、広報室長として案内してくれた古庄一佐が、アドミラルになって基地隊の将兵を統率している。

基地隊講堂での講演が終わったあと、会の主要メンバーと会食する予定が組まれていた。着替えをする古庄司令を待つ間、私は外に出て基地隊の岸壁に停泊する大湊から来た掃海艇三隻を見学した。たまたま淡路島にある磁気測定所での検査のために、入港していた。朝鮮戦争のときに元山沖他で機雷を処分し、湾岸戦争のあと海を渡ってペルシャ湾まで行き、同じように機雷を処分した掃海艇。これほど間近で見るのは初めてである。

掃海隊出身であるという基地隊の総務課長から説明を受けながら岸壁を歩いていると、ちょうど自衛艦旗降下の時間になった。あらかじめ「自衛艦旗降し方五分前」という知らせが、スピーカーを通じて流れる。各掃海艇の艦尾に掲揚された自衛艦旗のわきに隊員が二人ずつ立ち、艦旗降下の準備が整う。艦首旗のわきにもう一人待機する。陸上自衛隊と航空自衛隊では国旗降下の時間が午後五時と決まっているが、海上自衛隊では毎日日没の時間ぴったりに、陸上の基地では国旗、艦艇では艦旗を降ろす。旧海軍の軍艦旗と同様、海上自衛隊の艦艇では自衛艦旗が国旗と同じ扱いを受ける。軍艦旗すなわち国旗であること、日没時に軍艦旗を降下すること、ともに世界各国海軍共通のしきたりである。

神戸の空は晴れ渡り、港の上に秋の雲がいく本ものすじとなって浮かんでいた。その雲が見事な茜色に染まってまさに日が落ちるとき、ラッパが鳴る。基地内を歩いている隊員は全員その場で歩を止め、艦旗に向かって敬礼をする。少し離れた基地隊本部では君が代が鳴りはじめる。掃海艇の舳先に立つ隊員が作法どおり艦首旗をさっと降ろし、艦尾の艦旗に敬礼する。本部前に掲揚された国旗日の丸は、君が代に合わせてゆっくり降ろされた。ほぼ同時に艦旗が降ろされる。そのあいだ余計な物音は一つもしない。掃海艇がただゆるやかに揺れている。隊員たちは艦旗が完全に降ろされるまで、敬礼したままである。総務課長も、しっかりと敬礼していた。ようやくすべての艦旗と国旗が降下され、隊員たちがふと気がついたように再び歩きはじめる。

海上自衛隊員にとって、日没時の自衛艦旗降下はしごく当たり前の風景である。寒冷の冬、暑熱の夏、少しも変わることがない。しかし部外者である私には、茜色の秋の夕空を背景に執り行なわれたこのささやかな儀式が、そしてその一瞬の厳粛さが、新鮮に感じられた。かつて内田が中村が、こうして艦旗に敬礼した。ペルシャ湾に出動した掃海隊員たちも、艦旗に敬礼した。昨日も今日も、そして明日も、全国の基地で艦の上で、敬礼がなされる。海上自衛隊だけでない。世界中の海軍が同じ儀式を行なっている。そしてまた一日が平和のうちに終わったことを、祖国を守る仕事を一日分やり終えたことを、海上自衛官は、各国海軍の軍人は、こうして確認する。

やがて夜のとばりが降りて隊員たちは眠りにつき、朝になれば艦旗掲揚とともにまた新しい一日が始まる。

あとがき

一冊の本は多くの人の協力を得て完成する。この本も例外ではない。

そもそも本書誕生のきっかけは、今から八年近く前、ある昼食の席での会話であった。現参議院議員の林芳正夫妻と私、そして当時雑誌『中央公論』の編集部にいた河野通和氏の四人で集まることになり、共通の知人やワシントンの思い出について食事をしながら話した。話題が海軍のことになり、私が「東郷平八郎や山本五十六といった帝国海軍の英雄についてはよく知られているが、戦後海上自衛隊を創設して訓練にはげみ、戦うことなく名を知られぬまま去った指揮官たち、たとえば内田一臣とか中村悌次といった人々は、戦前の大将たちに負けず劣らず国のために尽くした英雄だと思う」といった意味のことをしゃべった。おそらくその数年前、ジェームズ・アワー氏に紹介されてお目にかかった、内田・中村両提督のことが頭にあったと思う。

そばで聞いていた河野氏が、「それはぜひ書きなさい」と言い出したのは、昼食が終わって事務所に帰る道すがらであったように思う。「書きなさいったって、そう簡単に書けるものではない」と言って抵抗したけれども、河野氏はことのほか熱心であった。以前からまとまったものを書くように氏に言われてはいたが、この主題は私が得意とするアメリカと直接関係がない。しかし考えてみれば海上自衛隊の歴史は、特に海上自衛隊と米国海軍のつながりは、戦後日米関係の重要な一側面でもある。米海軍の助けを借りて誕生した海上自衛隊が、その後発展して、今日、日米安全保障体制の中核をなしている。何回か議論を重ねるうちに、ジェームズ・アワー氏と海上自衛隊の人々との交流を中心に、戦後の海上自衛隊と米海軍の関係について書いてみようという気になった。

しばらくしてこのことをアワー氏に話したところが、氏はすこぶる乗り気であった。ぜひやれと言う。海上自衛隊の誕生について博士論文を書くことを勧めたライシャワー教授は、きっと将来だれか日本人があなたの研究を継いでくれると彼を励ました。ライシャワー博士の言った将来の日本人が君だ。さあやんなさい。

そんな大きな責任はとても負えないと思いながら、これも何かの縁かと思った。アワー氏とは彼がペンタゴンを去る少し前、ワシントン郊外の日本料理屋で初めて会った。父と面識があった氏が、当時ワシントンで働きはじめたばかりの私に声をかけてくれたのである。それから交際がはじまり、アワー氏の仲間、たとえば横須賀の木村英雄さんやトーケル・パターソン海軍中佐との縁ができた。九一年に日本へ帰ると淡々会に誘われ、内田提督や中村提督と初めて会った。米海軍とも海上自衛隊とも直接のつながりはなかったのに、こうして幾人かの関係者とささやかなつながりができた。それは子供時代から海軍の話を聞いて育った私にとって、それほど違和感のあることではなかった。

こうして書くことを決心し、とりあえずアワー氏が次に来日したとき集中的に話を聞いた。ある日曜日、彼はわが家までやってきて、居間で五時間ほどつきあってくれた。続いて内田提督や中村提督に時間を割いてもらい、話を聞いた。そしてまずはこの三人について書きはじめる。

ここまでは至極順調であったのだが、海上自衛隊と米海軍の物語を本にする計画は途中で頓挫する。勤めていた法律事務所を休職して、一九九五年から一年間、ヴァージニア州立大学のロースクールで客員研究員となることが決まったからである。米国憲法について学びなおし、雑誌にその報告を書くという約束があり、また他にもいくつかやりかけの仕事を抱えていたので、作業は一時休止となった。アメリカ海軍の関係者に話を聞いたりはしたが、場所が変わり、目の前の仕事に追われて、続けて書けない。書く勢いを失った。九六年の夏に帰国してからも、書けないまま時は過ぎた。思い出したように取材はするのだが、どうも構想がまとまらない。そのうちにもしかしてこれは完成しないかもしれないと思い出した。体力にも自信がなかった。

頓挫した書物が息を吹き返したのは、この物語を『中央公論』に連載して完成させないかという、同誌宮一穂編集長の提案である。書くきっかけを失っていたので、この申し出はありがたいが、今度書けなかったら、本当にどうしよう。他に月刊誌の連載をもう一つ抱えており、無謀とも思ったけれども、これが最後のチャンスと思って引き受けた。

九九年の九月に連載をはじめて、それから一〇回。最初三回ほど書き溜めたものがあったとはいえ、無我夢中の仕事であった。しかし不思議なことに、苦しいと思ったことはない。取材ノートを読み返し、新たに多くの人から話を聞き、文献を調べて作業を進めるうちに、ある種のリズムがよみがえってきた。しかも、ときどき自分が書いているのではないという錯覚さえ覚えた。おおげさに言えば、関係者のネイヴィーに対する深い愛着が、彼らが長年抱いてきた仕事一つひとつへの思い出が、勝手に私の筆を動かしているような、そんな気さえした。

したがって今度ようやく新書にまとまったこの物語は、決して私だけの作品ではない。書くことを勧め、書かない私をあきらめずに叱咤し、連載の機会を与え、本にまとめてくれた人たちがいなければ、本書は世に出なかった。また関係者が私に心を開いて語らなければ、この物語は生まれなかった。私はそれを書きとめたに過ぎない。取材に応じていただいた方々の名前を以下に記して、心からの感謝を捧げたい。この人たちこそは、この本の主人公であり、また本当の作者である。

浅野武司、石田捨雄、内田一臣、大井篤、大賀良平、大塚海夫、大西道永、岡崎久彦、落合畯、川村純彦、木村英雄、佐久間一、椎名素夫、妹尾作太男、堂下哲郎、冨田成昭、長尾秀美、中村悌次、林祐、淵之上英寿、古庄幸一、増岡一郎、宮尾舜助、矢板康二、山下万喜、吉田正紀、吉田學（五十音順、敬称略）

ジェームズ・E・アワー、スザンヌ・バサラ、ジュリアン・T・バーク、アーチー・R・クレミンス、ジェームズ・D・コッシー、シルベスター・R・フォーリー、ジェームズ・L・ハロウェイ、ジェイク・ジェイコブソン、エドワード・J・マロルダ、トーケル・パターソン、ランド・W・ゼック（アルファベット順、敬称略）

最後に、ヴァンダービルト大学教授ジェームズ・E・アワー氏と古庄幸一海上自衛隊阪神基地隊司令には、特別に御礼を申し上げたい。アワーさんは私を内田提督や中村提督に会わせ、日米海軍関係者の輪の中へ引き入れてくれた人である。アワーさんと知りあわなければ、この本は誕生しなかった。全編を通じて目を通し、貴重な助言をいただいた古庄さんは広報室長として私を初めて江田島に連れてゆき、それ以来私が海上自衛隊について多くを教わった人である。部外者の目で見た海上自衛隊と米海軍についての記述のあやまりを、また思いこみを、厳正な目でコメントしていただいた。こういう厳しい指揮官を上司にもったら大変だろうと思うけれど、同時に第三護衛隊群司令、練習艦隊司令官、監察官その他を歴任したこの人に鍛えられた海上自衛隊の若い人たちは、幸せだと思う。

この物語を書くことによって、海上自衛隊や米海軍にさらに多くの友人ができた。アワーさんと古庄さんは、そうした海の友人たちの代表である。細かい事実について確認の労をとってくださった海上幕僚監部広報室の諸氏をふくめ、海の上で空の上で、あるいは陸上の基地でそれぞれの任務に従事する海上自衛隊と米国海軍の人々に敬意を表して、この本のあとがきとしたい。

二〇〇一年一月

阿川尚之

参考文献

『「湾岸の夜明け」作戦全記録――海上自衛隊ペルシャ湾派遣部隊の188日』朝雲新聞社（一九九一年）
ジェームズ・E・アワー、妹尾作太男訳『よみがえる日本海軍』時事通信社（一九七二年）
石渡幸二「不滅の駆逐艦長吉川潔」（『艦と人の回想譜』出版協同社、一九九四年、収録）
石渡幸二『名艦物語――第二次大戦を戦った艨艟たち』出版協同社（一九八六年）、中公文庫（一九九六年）
内田一臣『海』海上自衛新聞社（一九七三年）
大賀良平「海上自衛隊と私」雑誌『世界の艦船』連載（一九九八年四月―一九九九年三月）
大賀良平「日米安保体制と自衛隊――その四十年とこれから――」雑誌『ディフェンス』一九九四年春季号
大久保武雄『海鳴りの日々、かくされた戦後史の断層』海洋問題研究会（一九七八年）
航路啓開史編纂会編『日本の掃海――航路啓開五十年の歩み』
鈴木総兵衛『聞書・海上自衛隊史話、海軍の解体から海上自衛隊草創期まで』財団法人水交会（一九八八年）
船田中『青山閑話』一新会（一九七〇年）
船田中『激動の政治十年――議長席から見る』一新会（一九七三年）
保科善四郎「我が新海軍再建の経緯」（『保科夫妻を囲むの会と参会者の思出集』非売品、所収、一九七

九年）
夕立会（中村悌二編）『駆逐艦夕立』（非売品）
James E. Auer, *The Postwar Rearmament of Japanese Maritime Forces, 1945-71*, Praeger Publishers (1973)
James L. Holloway III, "The Battle of Surigao Straits", *Naval Engineers Journal*, September 1994
E. B. Potter, *Admiral Arleigh Burke, A Biography*, Randam House (1990)

阿川尚之（あがわ・なおゆき）

1951年（昭和26年），東京に生まれる．慶應義塾大学法学部中退．米国ジョージタウン大学スクール・オヴ・フォーリン・サーヴィス，ならびにロースクール卒業．ソニー，ギブソン・ダン・クラッチャー法律事務所を経て，現在，慶應義塾大学総合政策学部教授，西村総合法律事務所顧問．
著書『アメリカン・ロイヤーの誕生』（中公新書）
『アメリカが嫌いですか』（新潮文庫）
『変わらぬアメリカを探して』（文藝春秋）
『トクヴィルとアメリカへ』（新潮社）
『わが英語今も旅の途中』（講談社）
『アメリカが見つかりましたか』（都市出版）

海《うみ》の友情《ゆうじょう》
中公新書 *1574*

2001年2月15日印刷
2001年2月25日発行

著　者　阿川尚之
発行者　中村　仁

本文印刷　三晃印刷
カバー印刷　大熊整美堂
製　　本　小泉製本

発行所　中央公論新社
〒104-8320
東京都中央区京橋 2-8-7
電話　販売部 03-3563-1431
　　　編集部 03-3563-3666
振替　00120-5-104508

Printed in Japan　ISBN4-12-101574-6 C1231

中公新書刊行のことば

いまからちょうど五世紀まえ、グーテンベルクが近代印刷術を発明したとき、書物の大量生産は潜在的可能性を獲得し、いまからちょうど一世紀まえ、世界のおもな文明国で義務教育制度が採用されたとき、書物の大量需要の潜在性が形成された。この二つの潜在性がはげしく現実化したのが現代である。

いまや、書物によって視野を拡大し、変りゆく世界に豊かに対応しようとする強い要求を私たちは抑えることができない。この要求にこたえる義務を、今日の書物は背負っている。だが、その義務は、たんに専門的知識の通俗化をはかることによって果たされるものでもなく、通俗的好奇心にうったえて、いたずらに発行部数の巨大さを誇ることによって果たされるものでもない。現代を真摯に生きようとする読者に、真に知るに価いする知識だけを選びだして提供すること、これが中公新書の最大の目標である。

私たちは、知識として錯覚しているものによってしばしば動かされ、裏切られる。私たちは、作為によってあたえられた知識のうえに生きることがあまりに多く、ゆるぎない事実を通して思索することがあまりにすくない。中公新書が、その一貫した特色として自らに課すものは、この事実のみの持つ無条件の説得力を発揮させることである。現代にあらたな意味を投げかけるべく待機している過去の歴史的事実もまた、中公新書によって数多く発掘されるであろう。

中公新書は、現代を自らの眼で見つめようとする、逞しい知的な読者の活力となることを欲している。

一九六二年一一月

中公新書

世界史 II

現代史 I

日露戦争　古屋哲夫
バルチック艦隊　大江志乃夫
原敬と山県有朋　川田　稔
高橋是清　大島　清
海軍と日本　池田　清
浜口雄幸（はまぐち おさち）　波多野　勝
日本の参謀本部　大江志乃夫
張作霖爆殺　大江志乃夫
御前会議　大江志乃夫
帝国劇場開幕　嶺　隆
大川周明　大塚健洋
満州事変　臼井勝美
満州事変への道　馬場伸也
軍国日本の興亡　猪木正道
二・二六事件（増補改版）　高橋正衛

日中開戦　北　博昭
日中十五年戦争史　大杉一雄
新版 日中戦争　臼井勝美
南京事件　秦　郁彦
上海時代（上中下）　松本重治
ニュース・エージェンシー　里見　脩
皇紀・万博・オリンピック　古川隆久
ゾルゲ事件　尾崎秀樹
松岡洋右　三輪公忠
清沢　洌　北岡伸一
太平洋戦争（上下）　児島　襄
東京裁判（上下）　児島　襄
日本海軍の終戦工作　纐纈　厚
巣鴨プリズン　小林弘忠
サハリン棄民　大沼保昭
鉄道ゲージが変えた現代史　井上勇一
くるまたちの社会史　齊藤俊彦

船にみる日本人移民史　山田廸生
金（ゴールド）が語る20世紀　鯖田豊之

現代史 II

血の日曜日	和田春樹・和田あき子
ワイマル共和国	林 健太郎
ナチズム	村瀬興雄
アドルフ・ヒトラー	村瀬興雄
ゲッベルス	平井 正
ヒトラー・ユーゲント	平井 正
ヒトラー暗殺計画	小林正文
ナチ・エリート	山口 定
チャーチル（増補版）	河合秀和
アラビアのロレンスを求めて	牟田口義郎
スペイン戦争	斉藤 孝
フランス現代史	渡邊啓貴
大恐慌	D・A・シャノン編 玉野井芳郎・清水知久訳
革命家 孫文	藤村久雄
中華民国	横山宏章
漢奸裁判	劉 傑
中国革命を駆け抜けたアウトローたち	福本勝清
中国革命の夢が潰えたとき	諸星清佳
鄧小平伝	寒山碧編 伊藤潔訳
中国―歴史・社会・国際関係	中嶋嶺雄
中国現代史	小島朋之
インド独立史	森本達雄
インド現代史	賀来弓月
カンボジア戦記	冨山 泰
「南進」の系譜	矢野 暢
アメリカ海兵隊	野中郁次郎
米国初代国防長官フォレスタル	村田晃嗣
韓国の族閥・軍閥・財閥	池 東旭

政治・法律 I

中公新書

政治・法律 II

国際政治　高坂正堯
国際関係論　中嶋嶺雄
日本の外交　入江昭
新・日本の外交　入江昭
日本外交 現場からの証言　孫崎享
OECD（経済協力開発機構）　村田良平
経済交渉と人権　山根裕子
日露国境交渉史　木村汎
日米コメ交渉　軽部謙介
イスラエルとパレスチナ　立山良司
新しい民族問題　梶田孝道
地球化時代の国際政治経済　賀来弓月
中国、一九〇〇年　三石善吉

中公新書

人と仕事・体験

社会・教育 I

整理学　加藤秀俊
人間関係　加藤秀俊
自己表現　加藤秀俊
情報行動　加藤秀俊
取材学　加藤秀俊
人生にとって組織とはなにか　加藤秀俊
発想法　川喜田二郎
続・発想法　川喜田二郎
野外科学の方法　川喜田二郎
会議の技法　吉田新一郎
カンの構造　中山正和
発想の論理　中山正和
「超」整理法　野口悠紀雄
続「超」整理法・時間編　野口悠紀雄
「超」整理法3　野口悠紀雄

パソコンをどう使うか　諏訪邦夫
キーボード革命　諏訪邦夫
文科系のパソコン技術　中尾浩
ネットワーク社会の深層構造　江下雅之
コミュニケーション・ネットワーク　水澤純一
コミュニケーション技術　篠田義明
速記と情報社会　兼子次生
化粧品のブランド史　水尾順一
航空事故　柳田邦男
新聞報道と顔写真　小林弘忠
ニューヨーク・タイムズ物語　三輪裕範
ニュースキャスター　田草川弘
水と緑と土　富山和子
日本の米—環境と文化はかく作られた　富山和子
先端医療革命　米本昌平
生殖革命と人権　金城清子
遺伝子の技術、遺伝子の思想　広井良典

痴呆性高齢者ケア　小宮英美
インフォームド・コンセント　水野肇
医療・保険・福祉改革のヒント　水野肇
クスリ社会を生きる　水野肇
お医者さん　なだいなだ
教育問答　なだいなだ

中公新書

社会・教育 II

不平等社会日本　佐藤俊樹
親とはなにか　伊藤友宣
家庭のなかの対話　伊藤友宣
父性の復権　林　道義
母性の復権　林　道義
新・家族の時代　菅原眞理子
安心社会から信頼社会へ　山岸俊男
日本の教育改革　尾崎ムゲン
日本の大学　永井道雄
大学淘汰の時代　喜多村和之
大学生の就職活動　安田　雪
大衆教育社会のゆくえ　苅谷剛彦
理科系の作文技術　木下是雄
理科系のための英文作法　杉原厚吉
数学受験術指南　森　毅
遊びと勉強　深谷昌志・深谷和子
国際歴史教科書対話　近藤孝弘
人間形成の日米比較　恒吉僚子
異文化に育つ日本の子ども　梶田正巳
ミュンヘンの小学生　子安美知子
私のミュンヘン日記　子安　文
母と子の絆　宮本健作
伸びてゆく子どもたち　詫摩武俊
元気が出る教育の話　斎藤次郎・森　毅
子ども観の近代　河原和枝
変貌する子ども世界　本田和子
子どもの食事　根岸宏邦
ボーイスカウト　田中治彦
理想の児童図書館を求めて　桂　宥子
アメリカ議会図書館　藤野幸雄
県民性　祖父江孝男
オンドル夜話　尹　学準
在日韓国・朝鮮人　福岡安則
韓国のイメージ　鄭　大均
日本(イルボン)のイメージ　鄭　大均
住まい方の思想　渡辺武信
住まい方の演出　渡辺武信
住まい方の実践　渡辺武信
快適都市空間をつくる　青木　仁
ガーデニングの愉しみ　三井秀樹
美の構成学　三井秀樹
旅行ノススメ　白幡洋三郎
フランスの異邦人　林　瑞枝
ギャンブルフィーヴァー　谷岡一郎
OLたちの〈レジスタンス〉　小笠原祐子
ネズミに襲われる都市　矢部辰男
福祉国家の闘い　武田龍夫